MÉMOIRE

SUR

LA MEUNERIE, LA BOULANGERIE

ET

LA CONSERVATION DES GRAINS ET DES FARINES

CONTENANT

UNE DESCRIPTION COMPLÈTE DES PROCÉDÉS, MACHINES ET APPAREILS APPLIQUÉS JUSQU'À NOS JOURS

ET PLUS PARTICULIÈREMENT

DANS LES DIVERSES USINES DE FRANCE, D'ANGLETERRE, D'IRLANDE, DE BELGIQUE, DE HOLLANDE, ETC.,

PRÉCÉDÉ

DE CONSIDÉRATIONS SUR LE COMMERCE DES BLÉS EN EUROPE

PAR AUG^in ROLLET,

DIRECTEUR DES SUBSISTANCES DE LA MARINE, OFFICIER DE LA LÉGION-D'HONNEUR.

PUBLIÉ SOUS LES AUSPICES

De M. le Ministre de la Marine et des Colonies.

ATLAS.

PARIS

CARILIAN-GOEURY ET Ve DALMONT, ÉDITEURS,

LIBRAIRES DES CORPS ROYAUX DES PONTS ET CHAUSSÉES ET DES MINES.

Quai des Augustins, 39 et 41.

1846

Lithographie Bertauts et Cie Boulevard

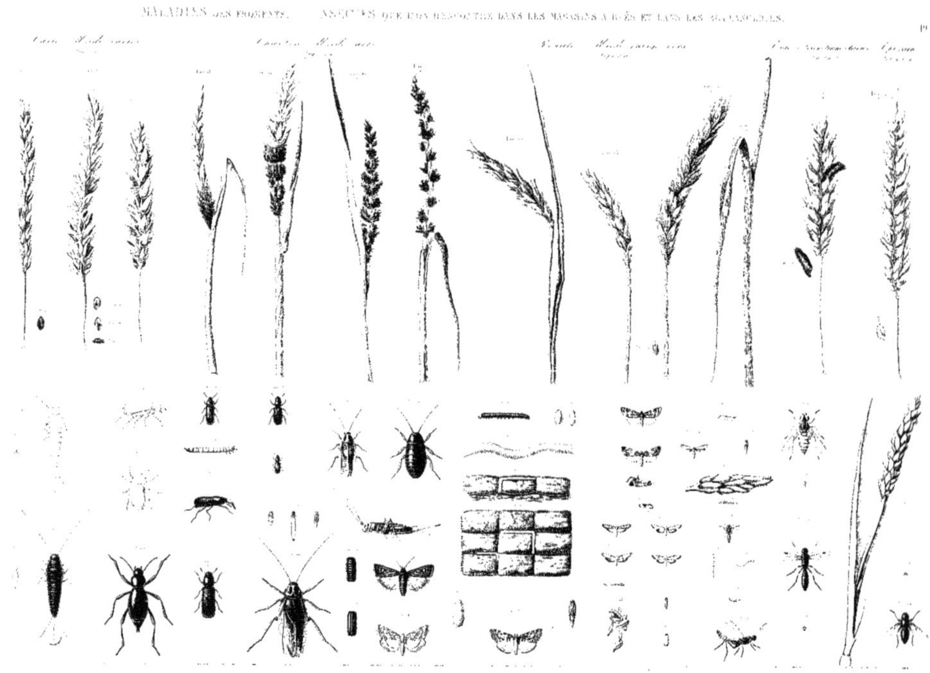

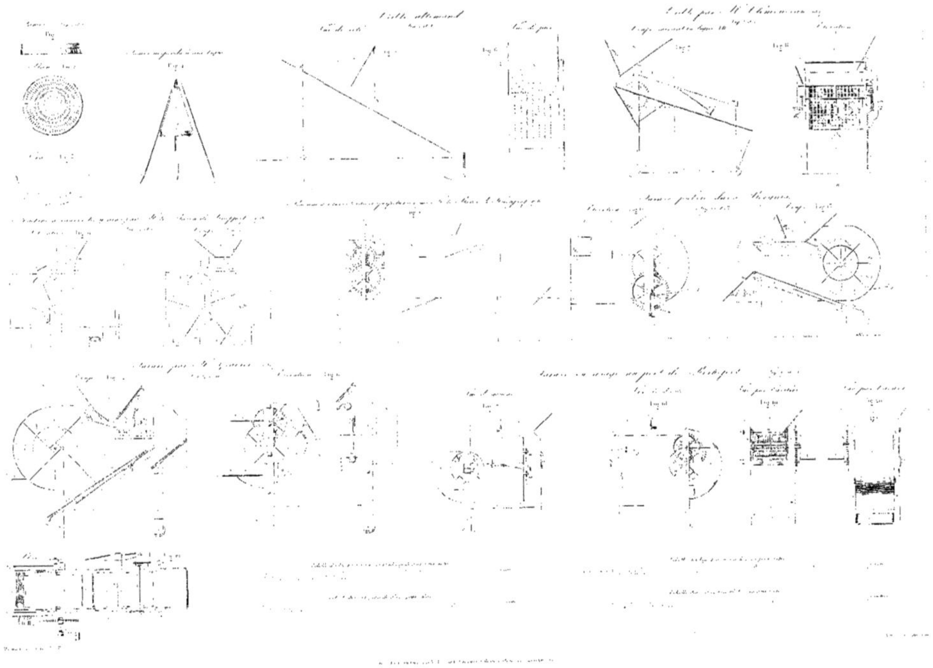

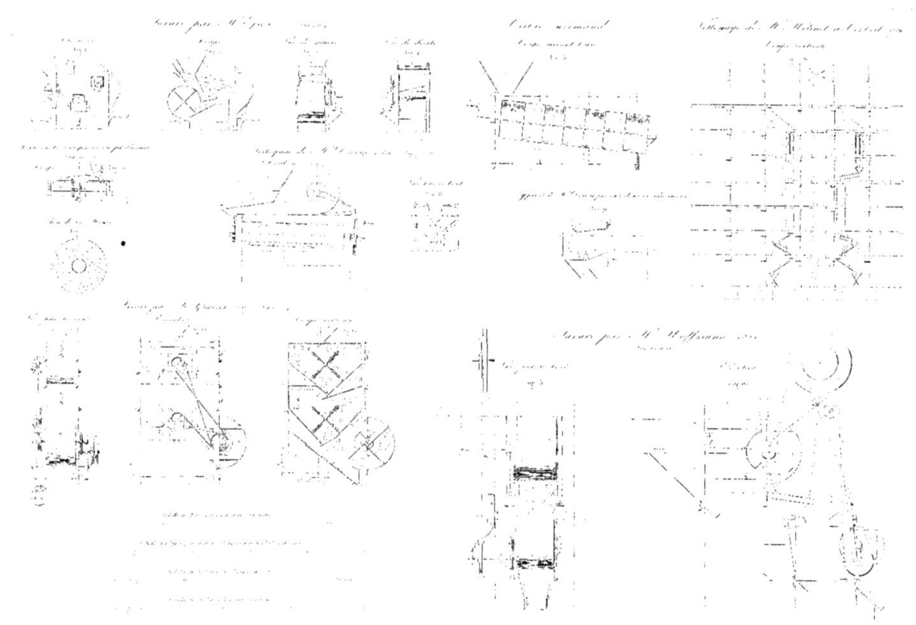

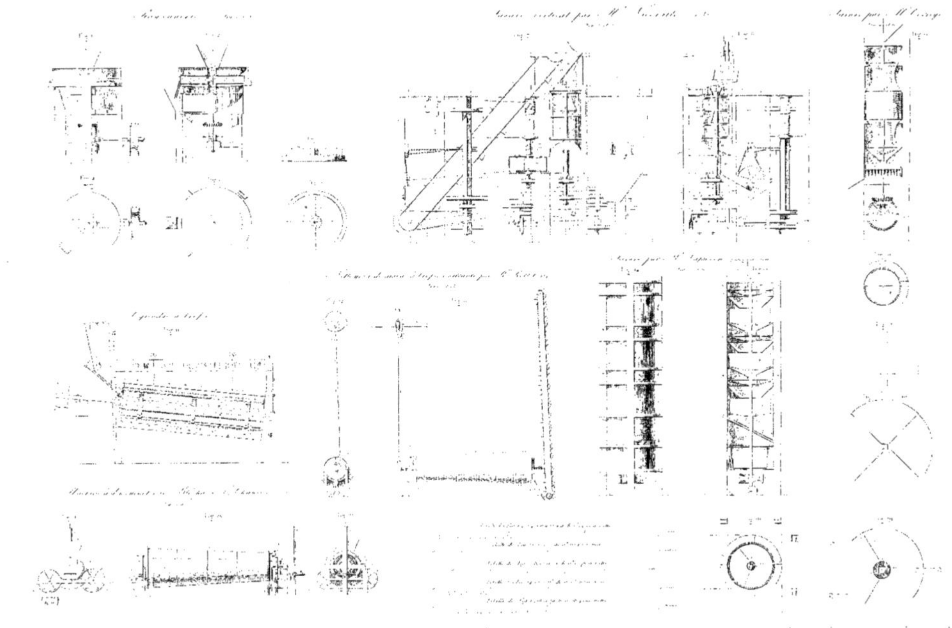

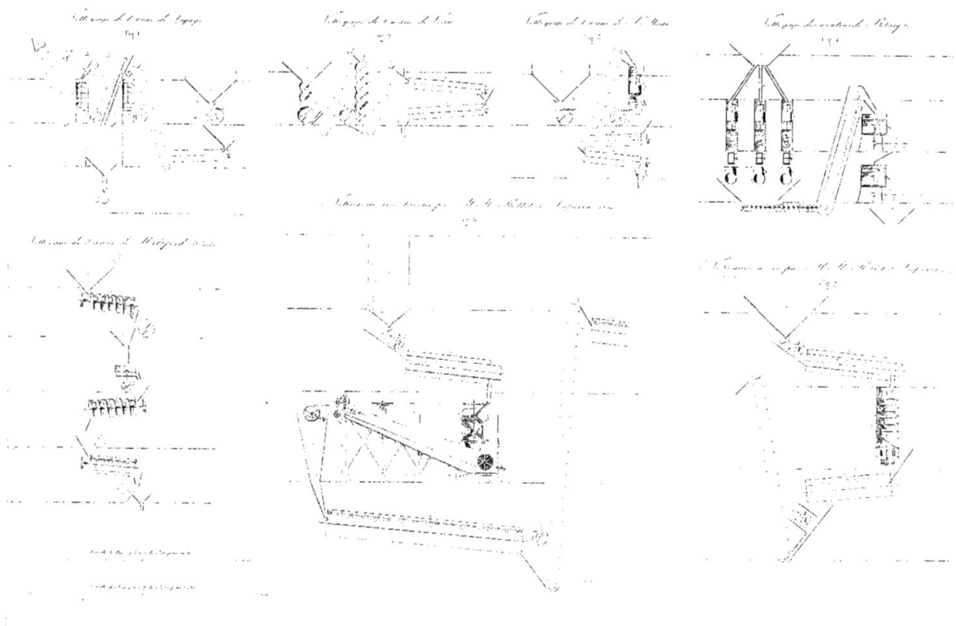

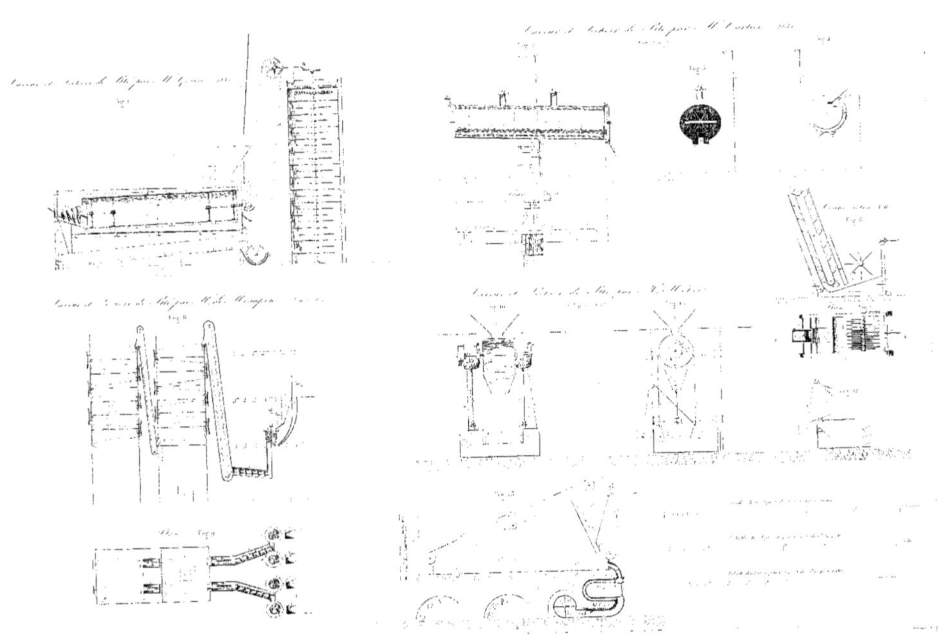

NETTOYAGE ET SÉCHAGE DES GRAINS.

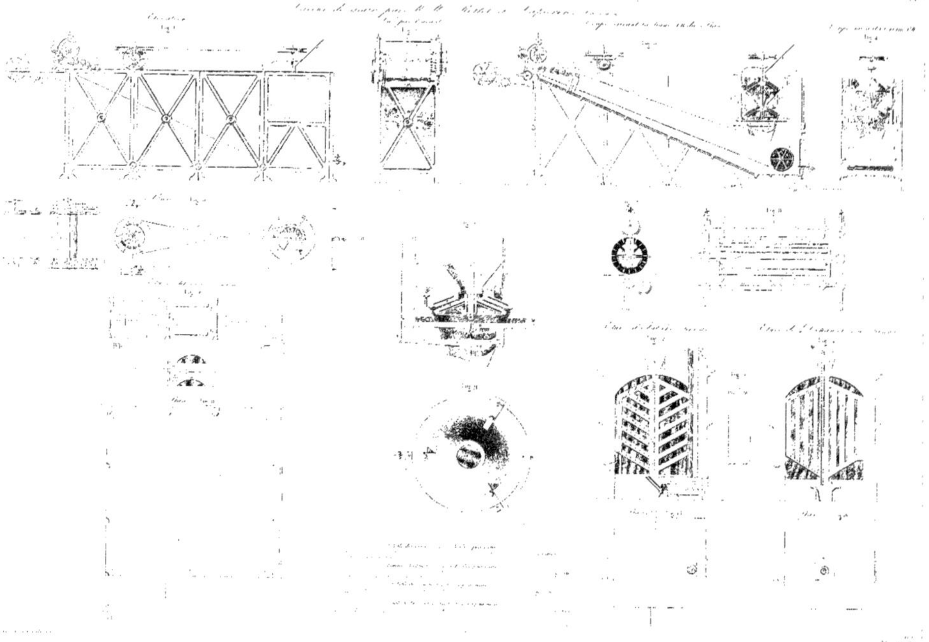

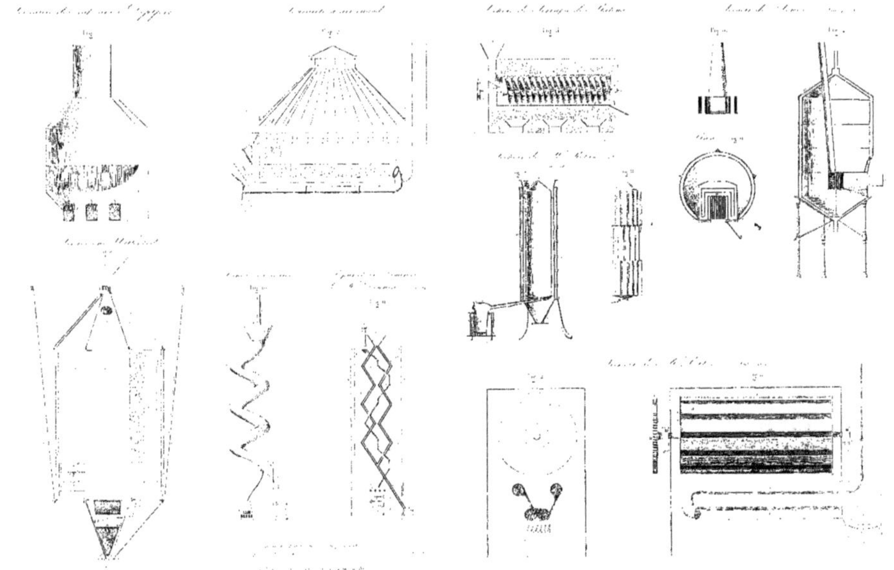

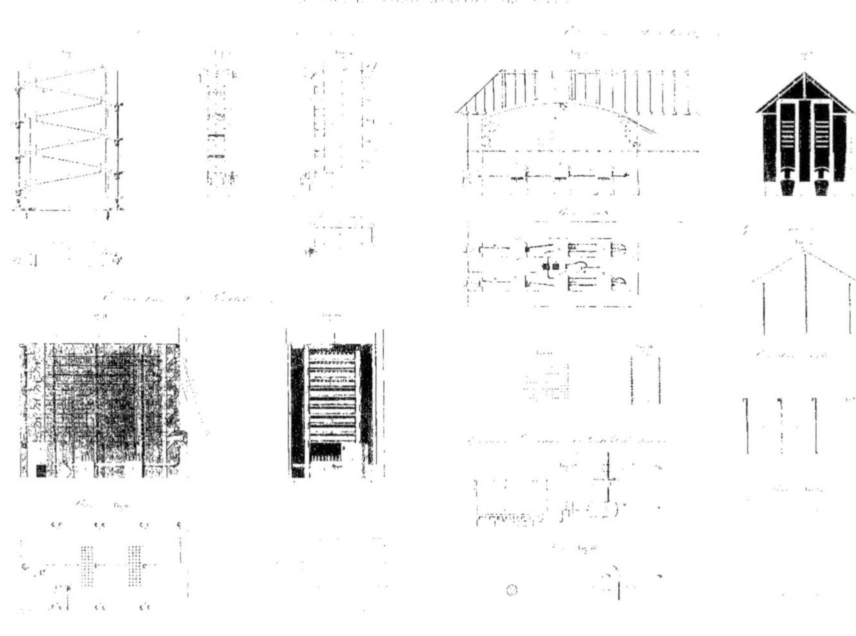

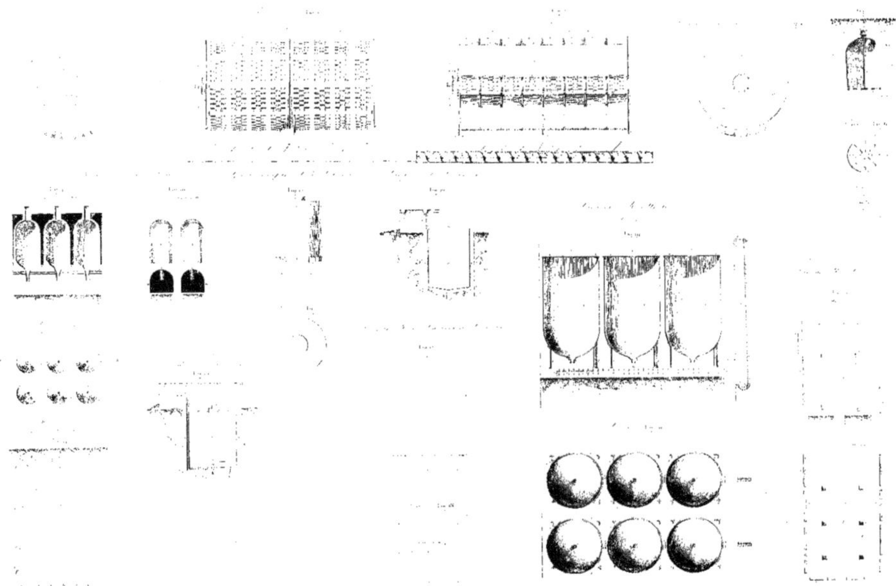

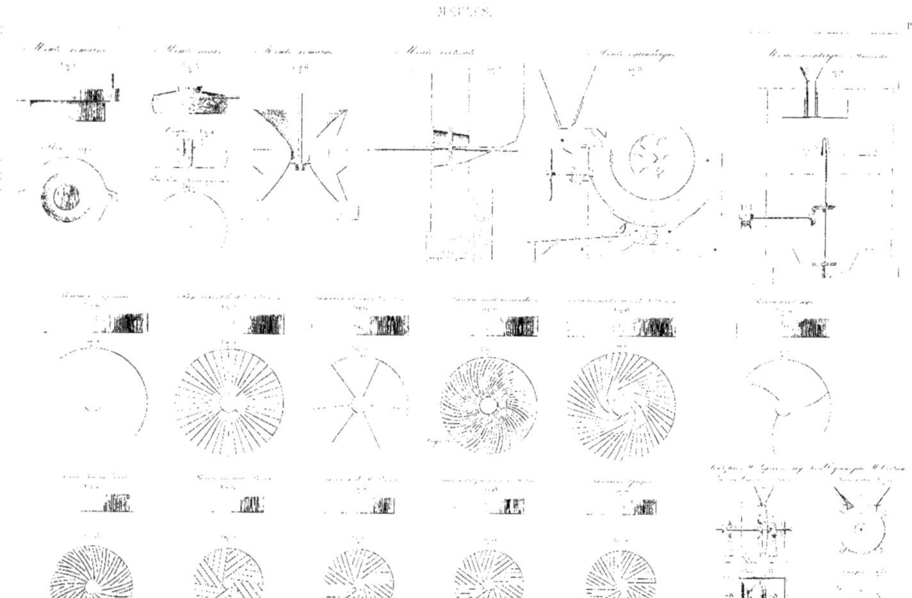

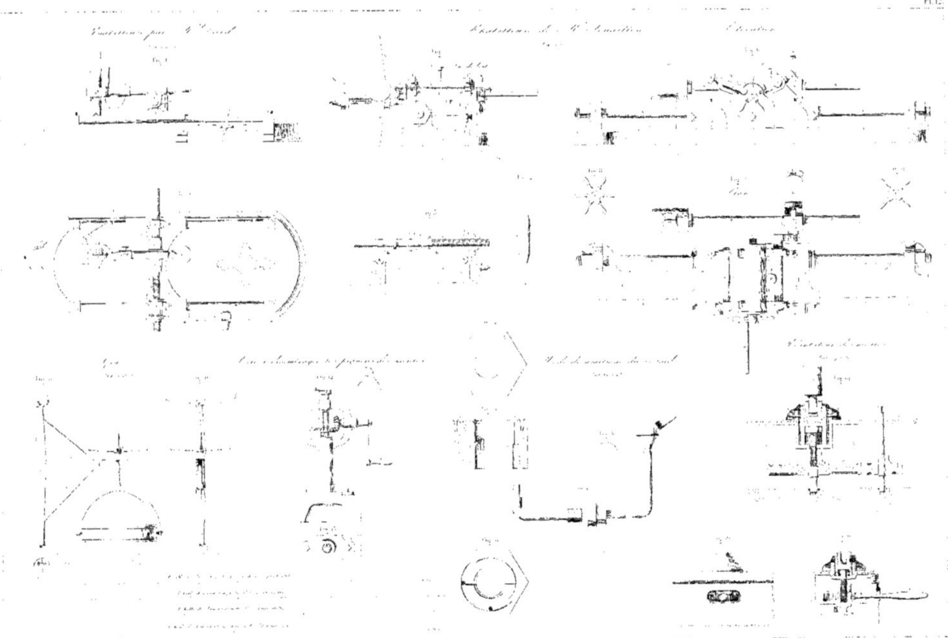

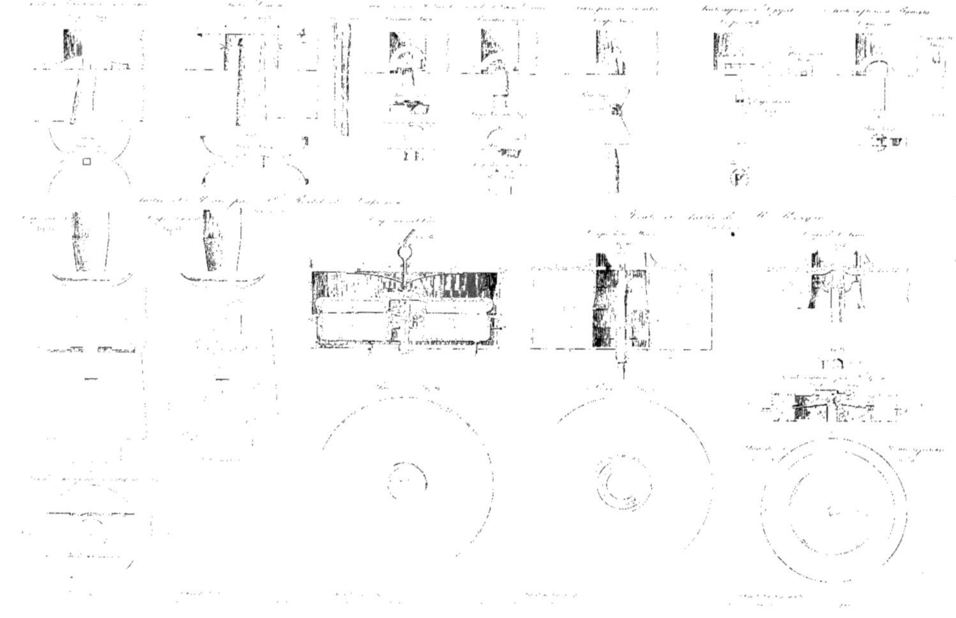

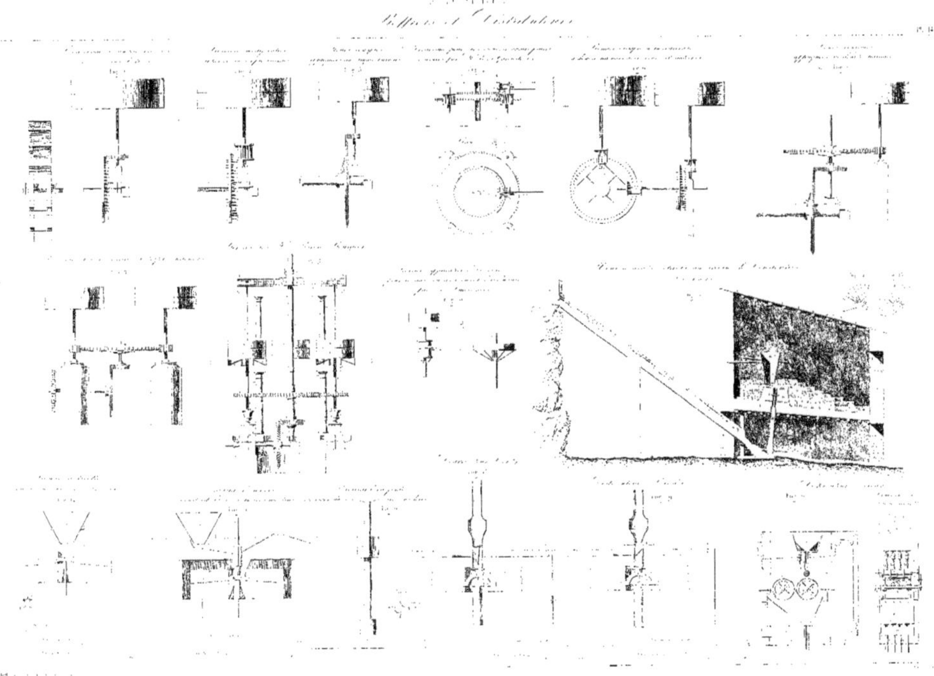

MEUNERIE.

Beffroi circulaire à engrenage.

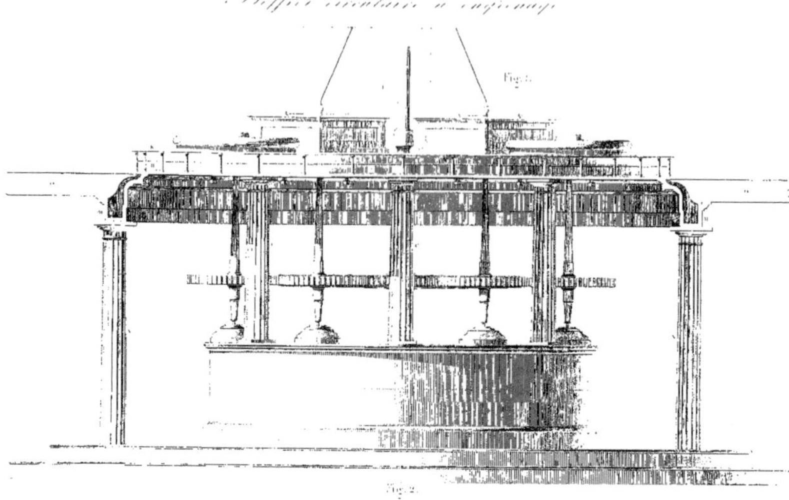

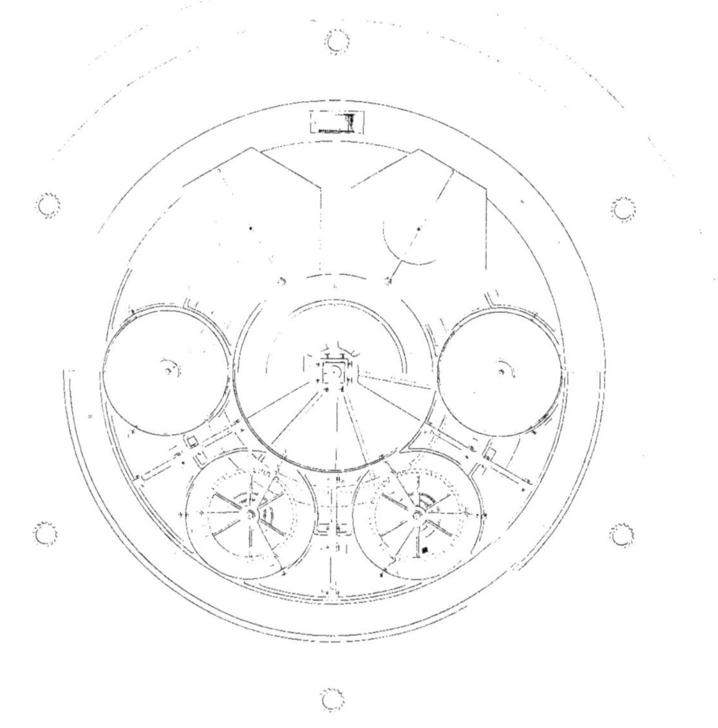

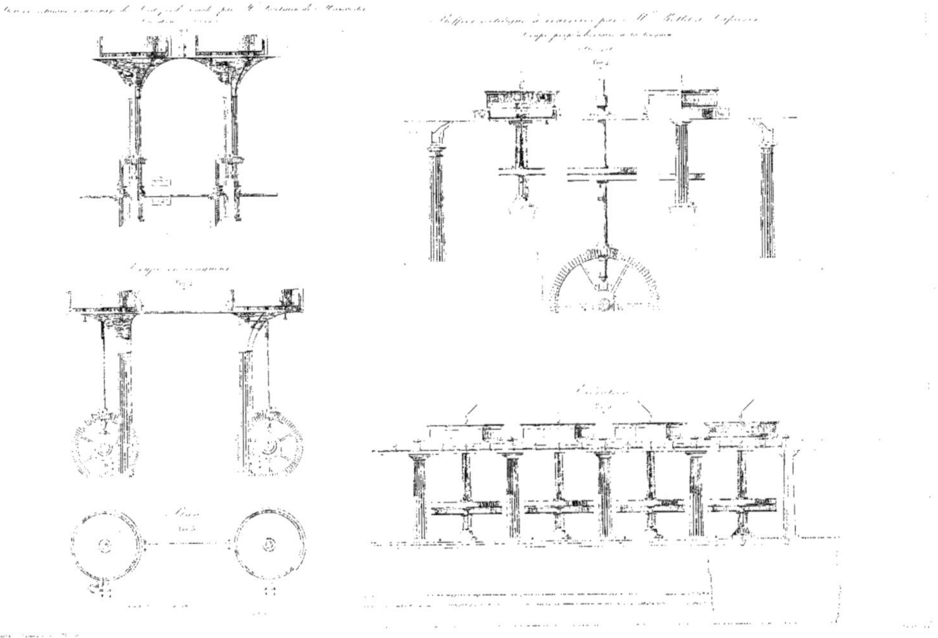

Blutoir centrifuge.
Fig. 1.

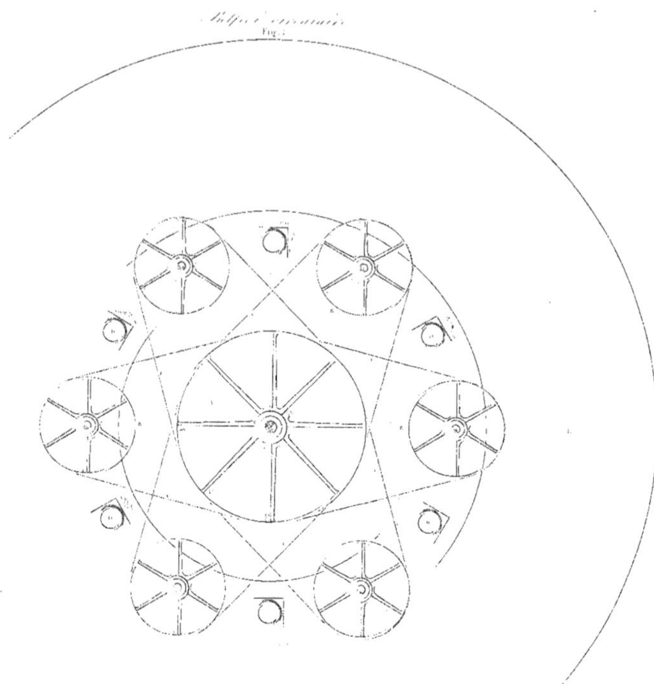

Blutoir centrifuge.
Fig. 2.

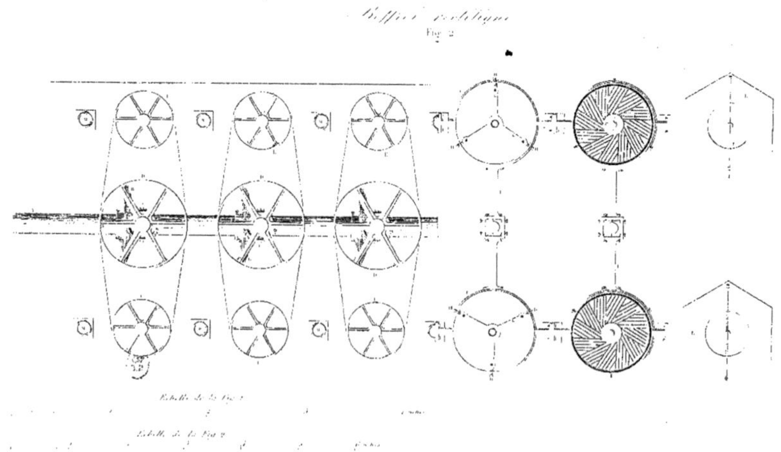

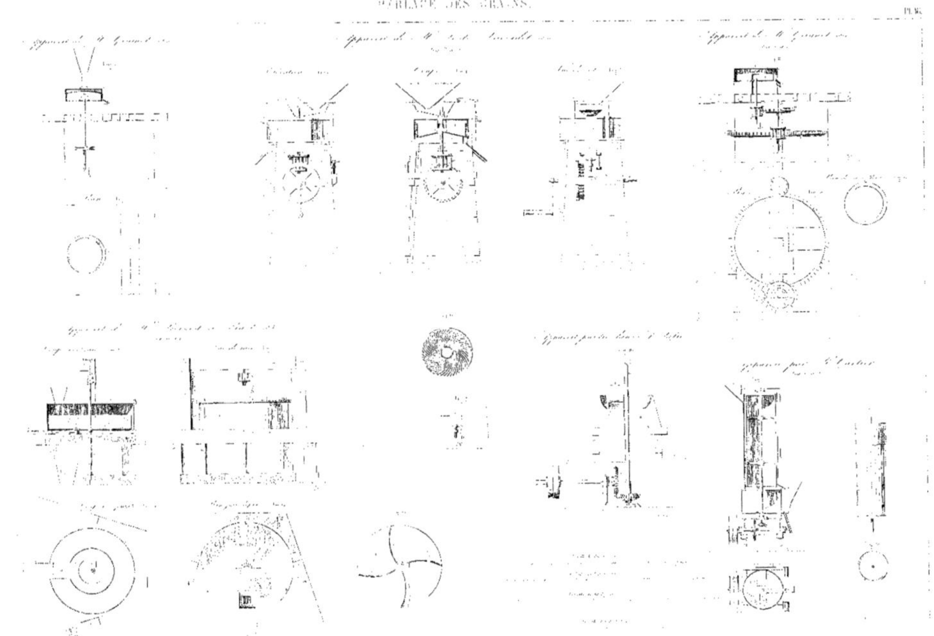

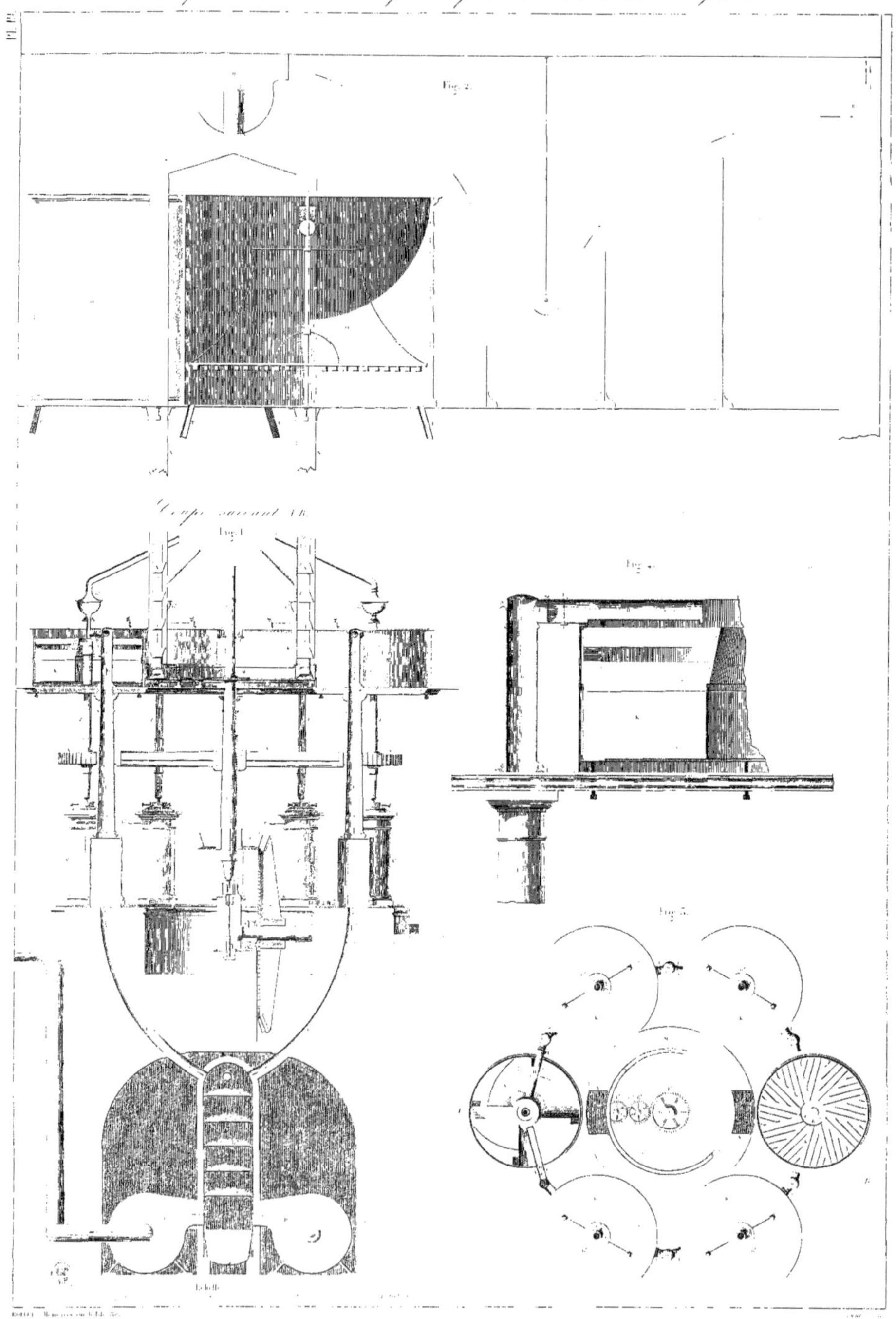

APPAREILS
à refroidir et à sécher la farine pendant la mouture du grain.
Fig. 2.
Fig. 1.
Fig. 4.
Fig. 5.
Coupe suivant AB.

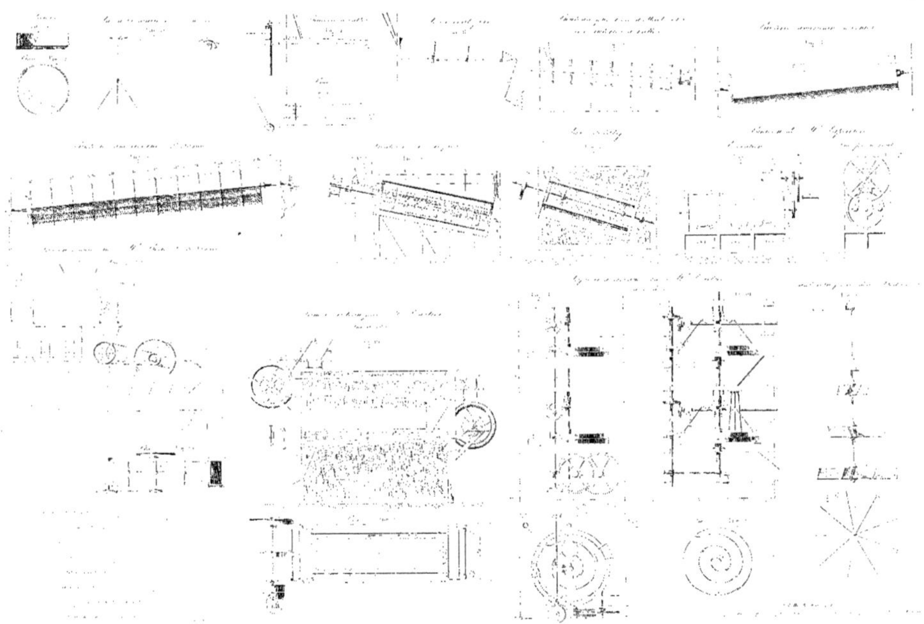

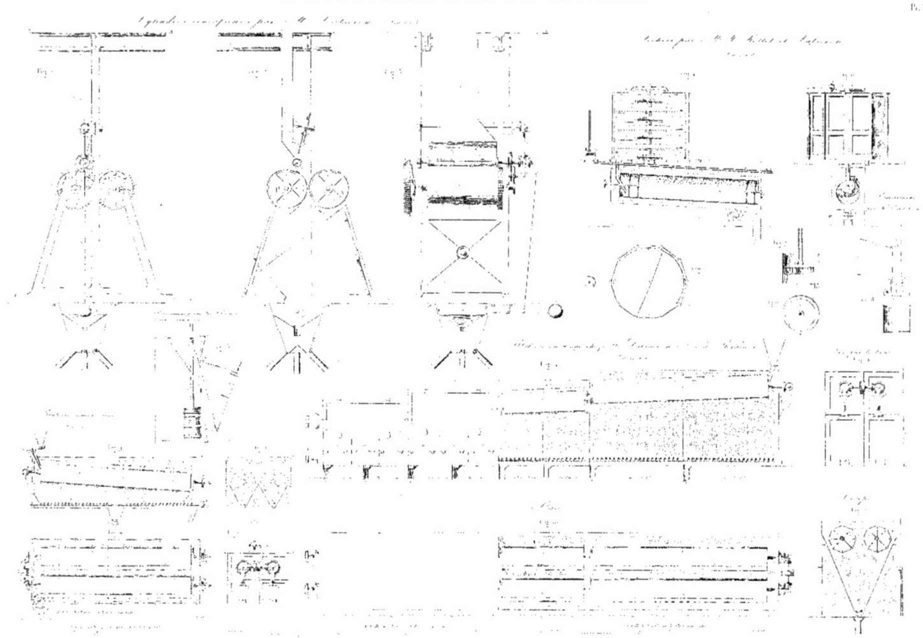

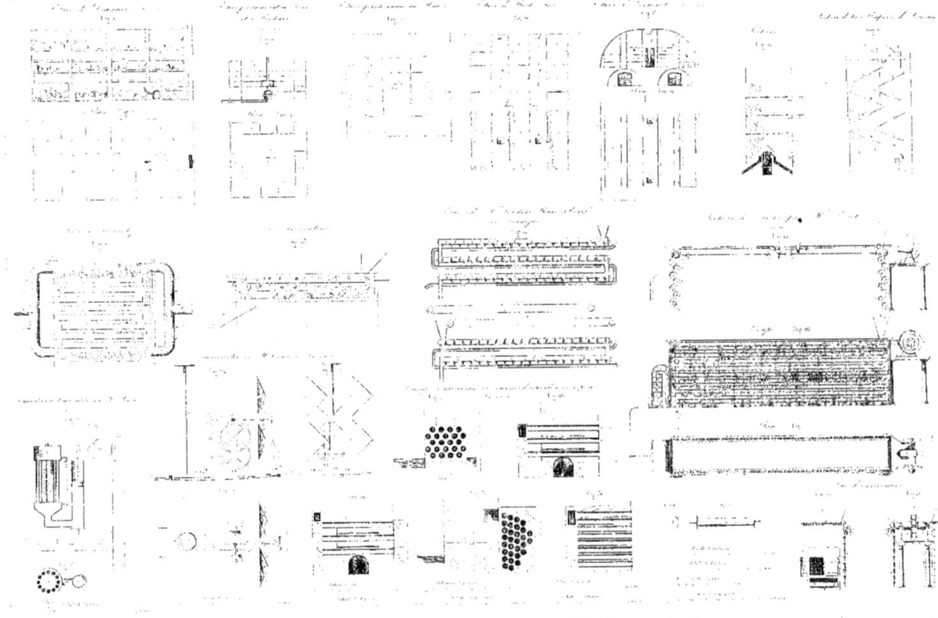

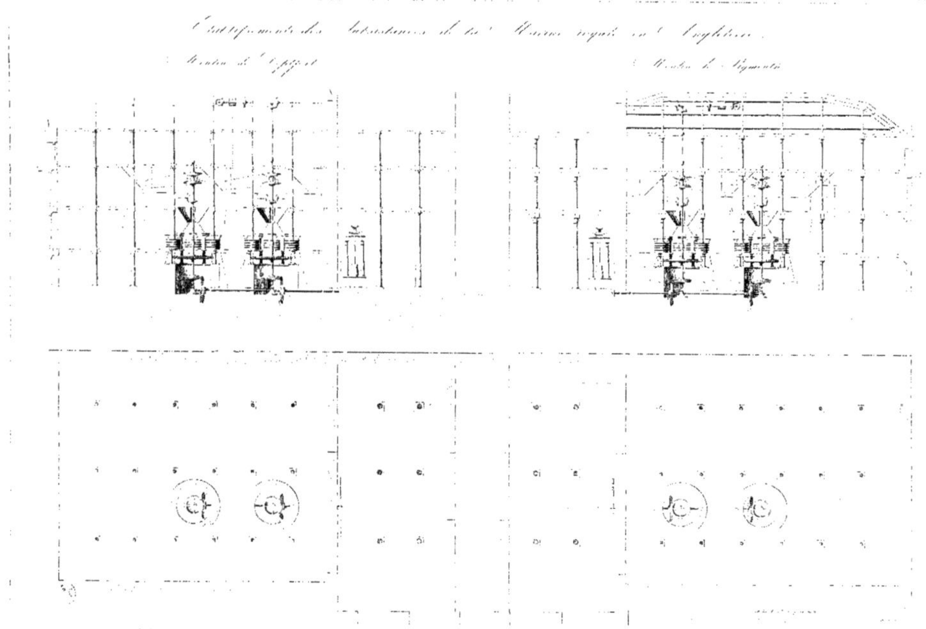

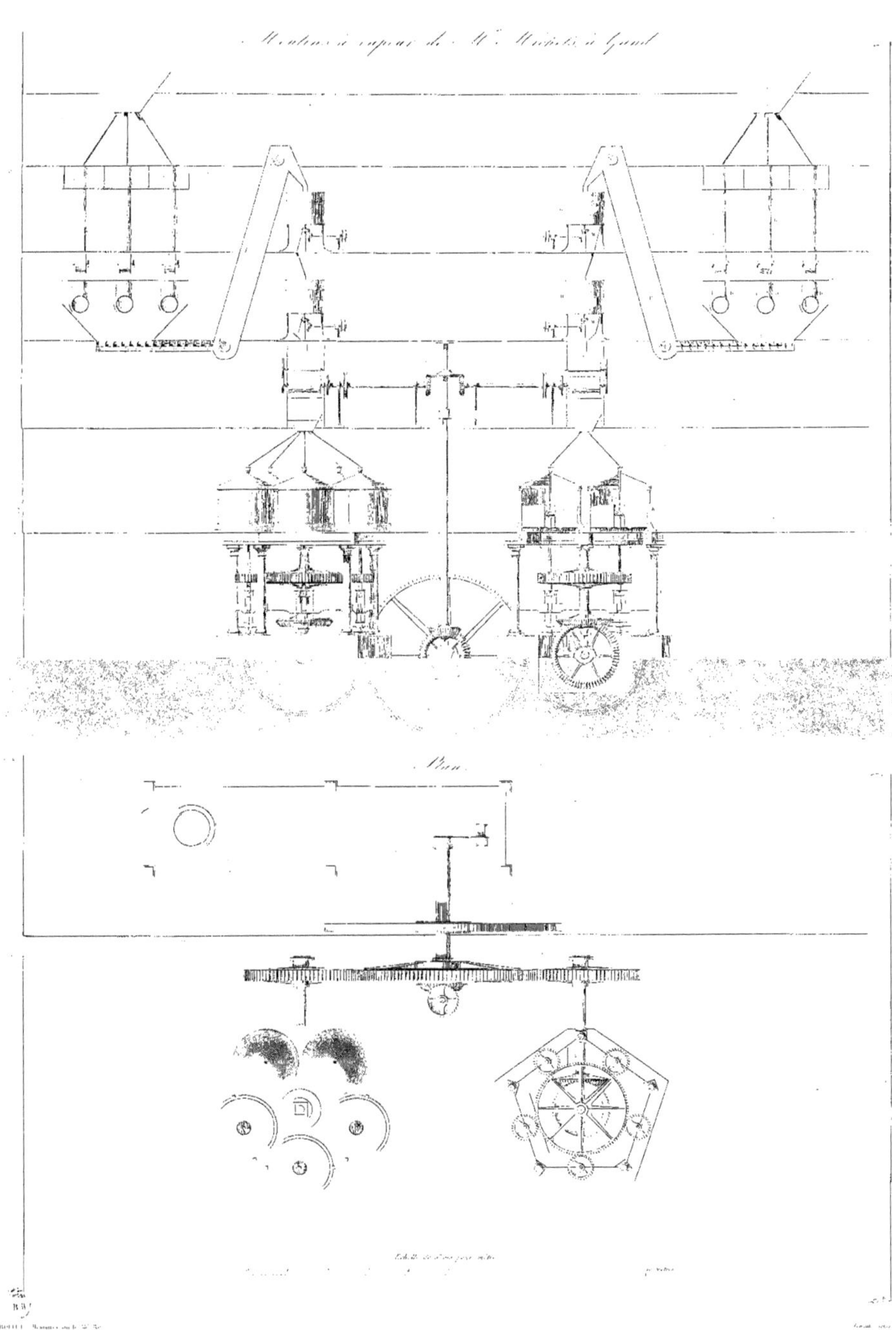

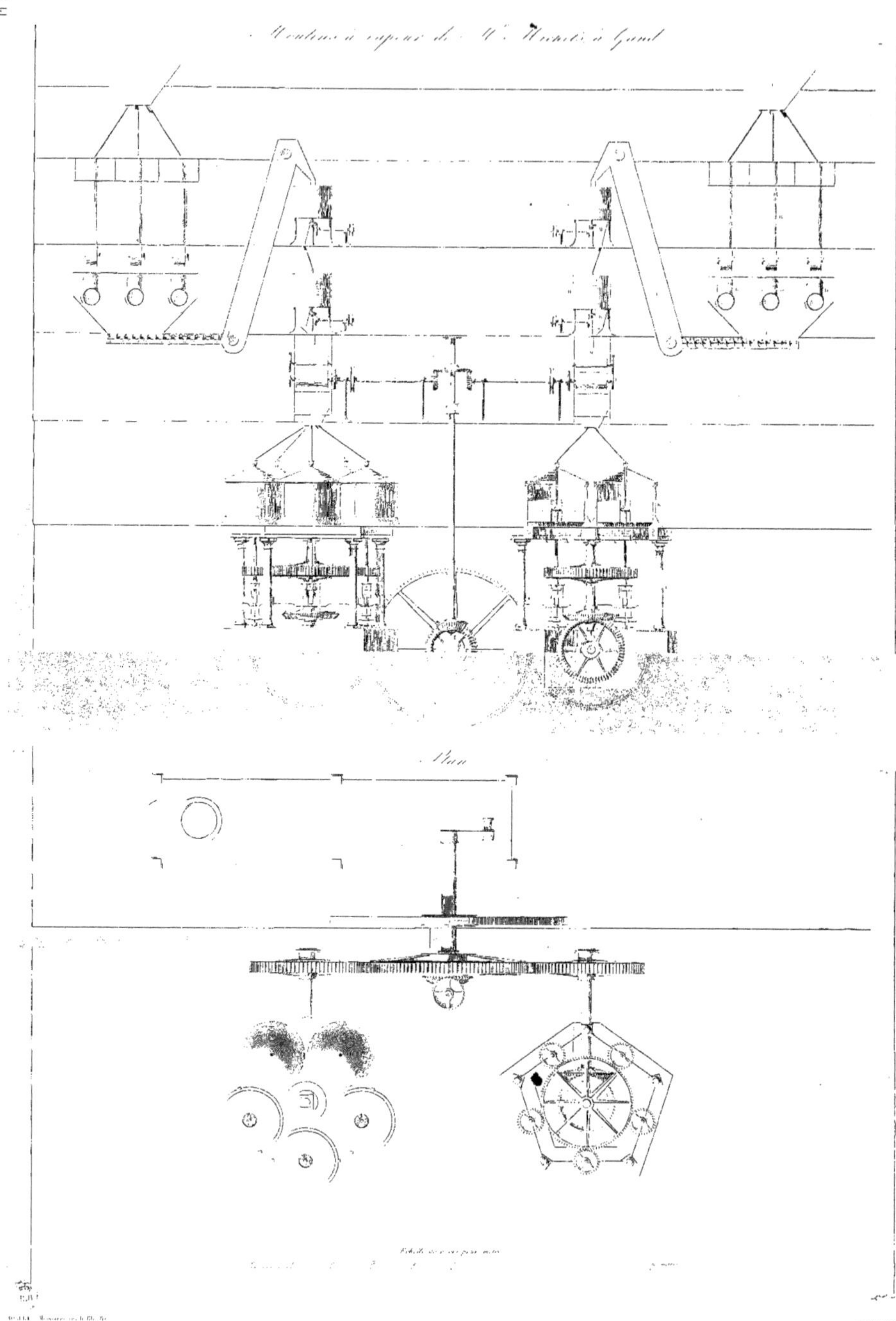
Moulins à vapeur de MM. Heirickx à Gand
Plan
Échelle

Moulin à Vapeur construit à Nantes et à la Rochelle

par M. Maillette.

Coupe verticale.

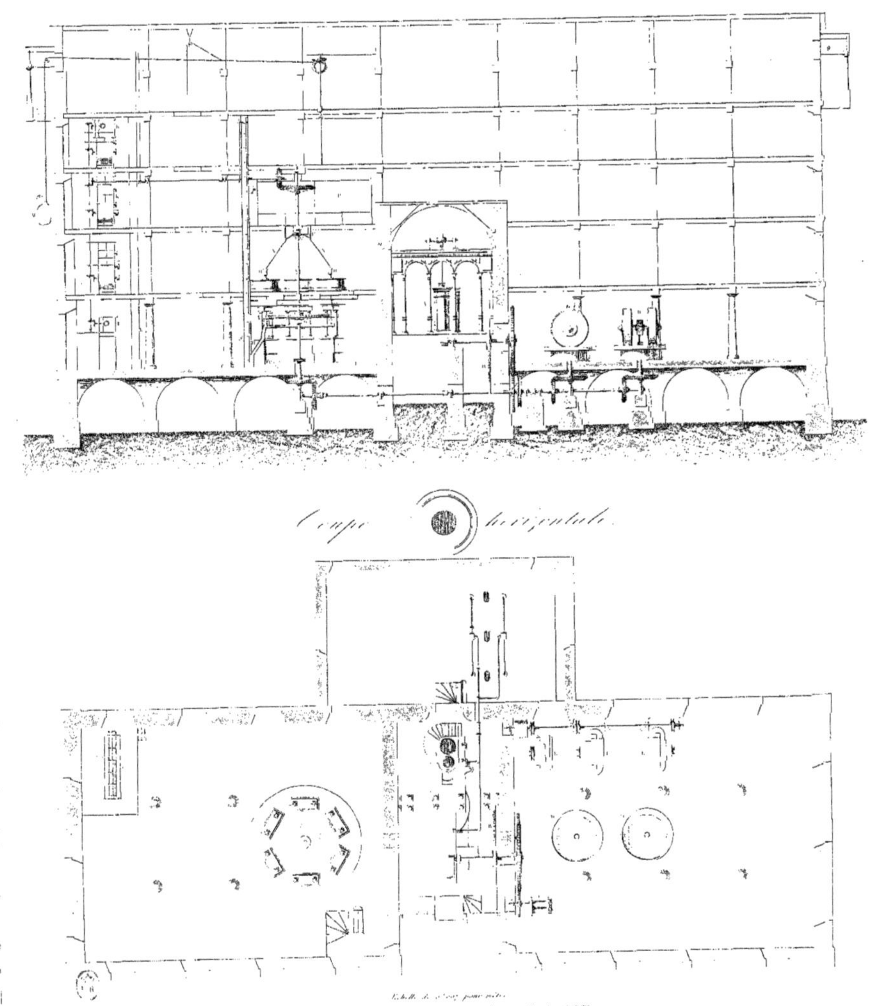

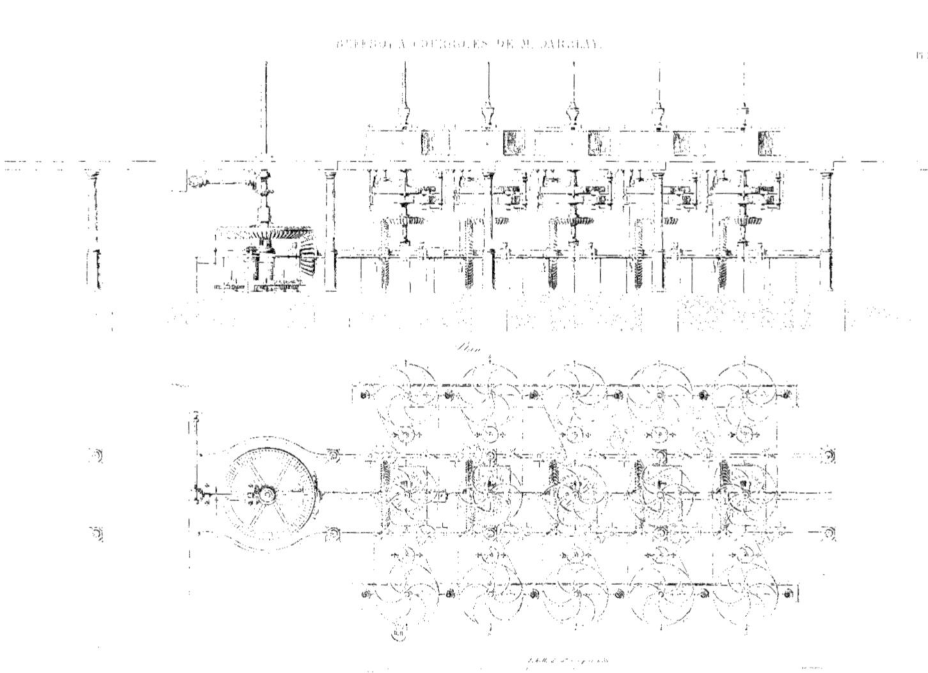
BUFFROI À COURROIES DE M. DARCLAY.
Pl. 26.

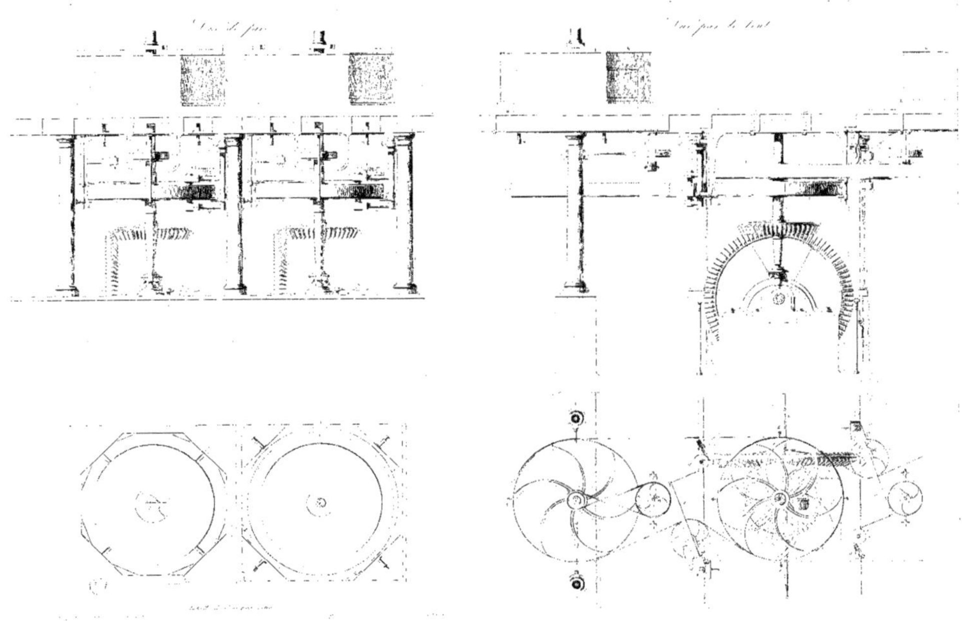

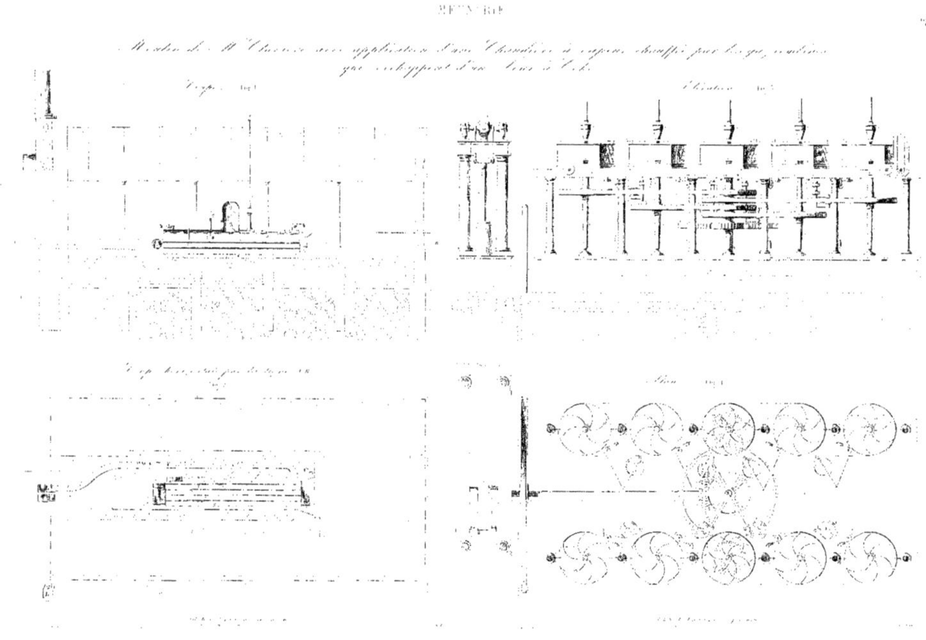

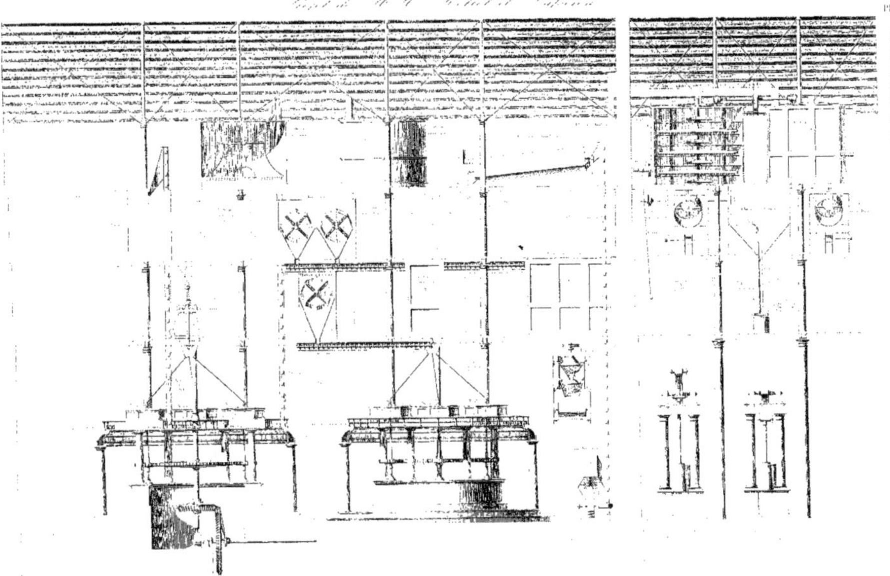

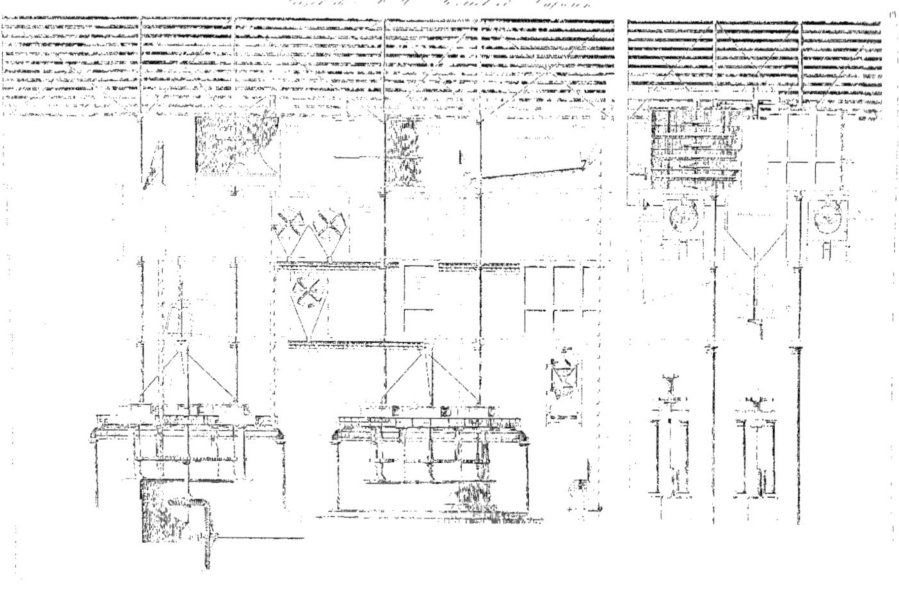

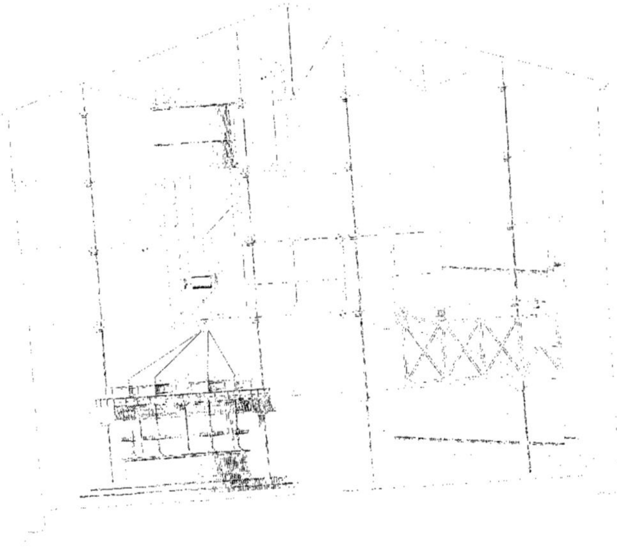

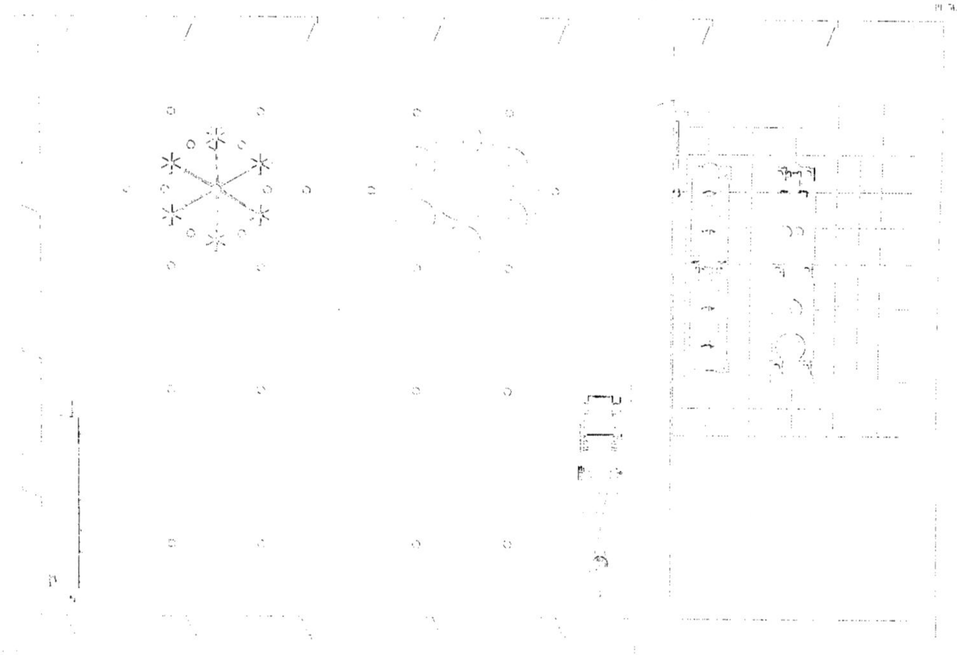

PROJET DE M. JOLLET ET LASSERON

VALENCE 2me ÉTAGE. PROJET DE Mrs ROLLET ET LASSERON.

Pl. 33

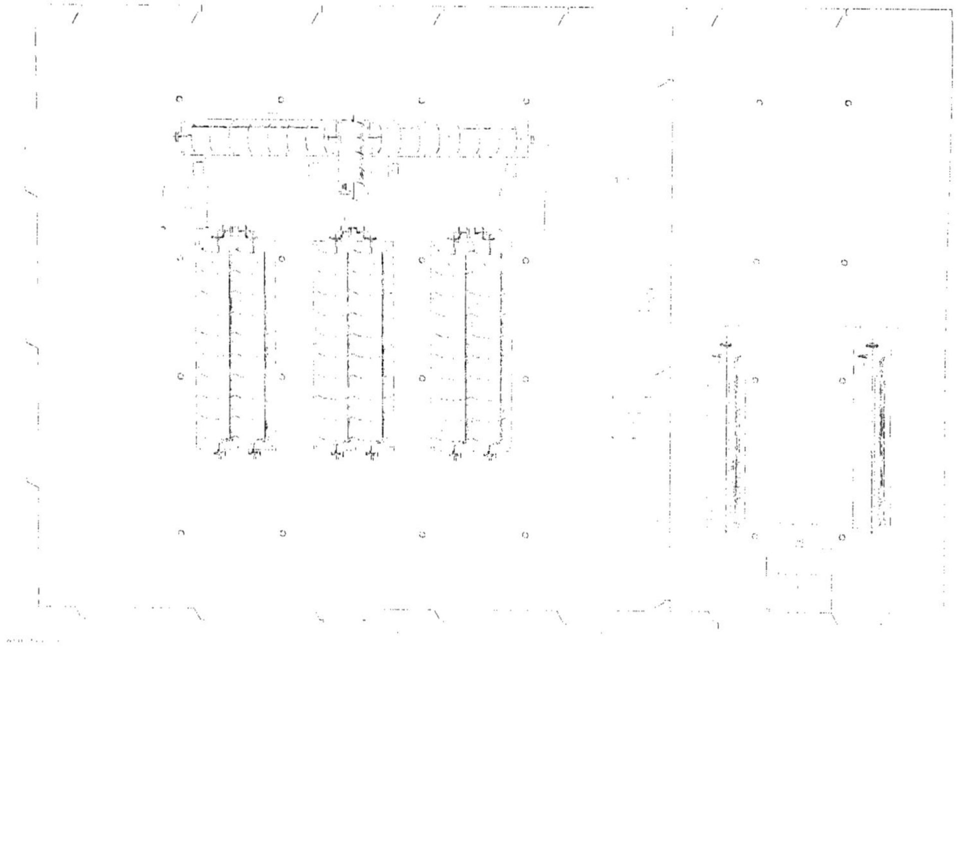

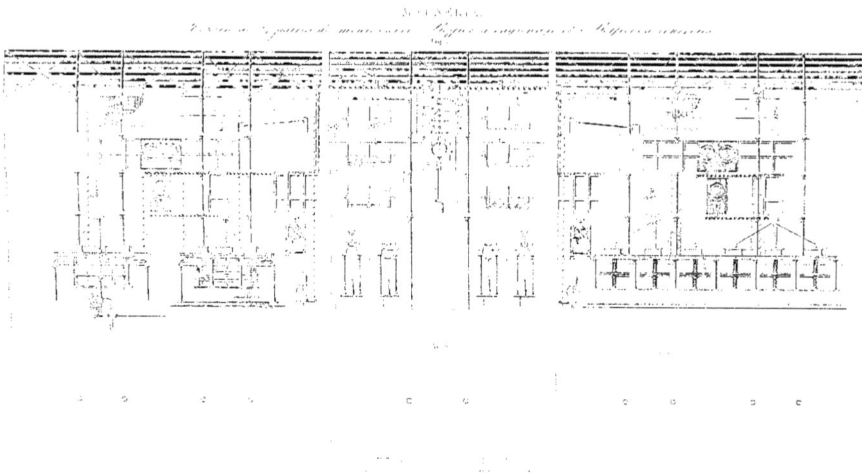

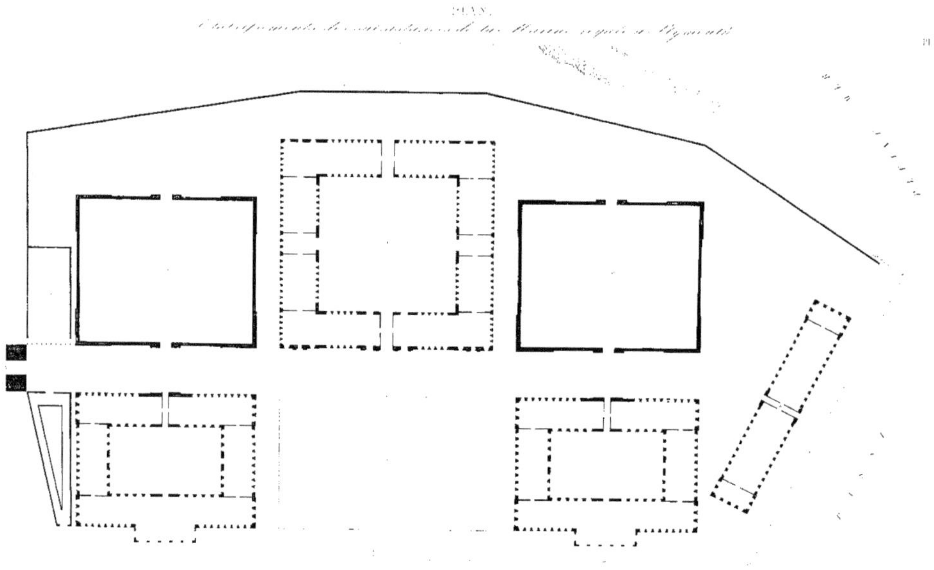

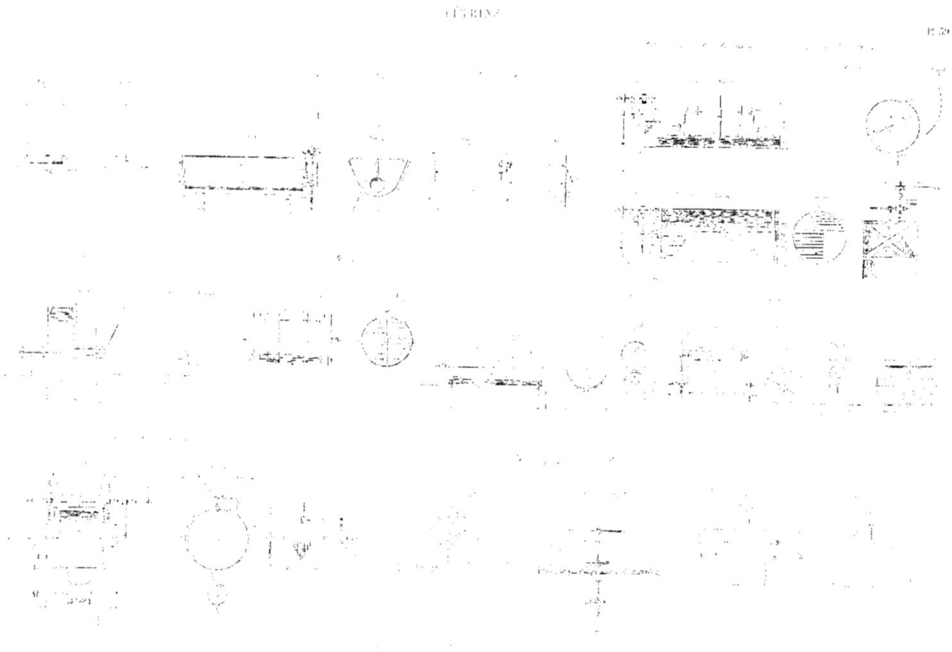

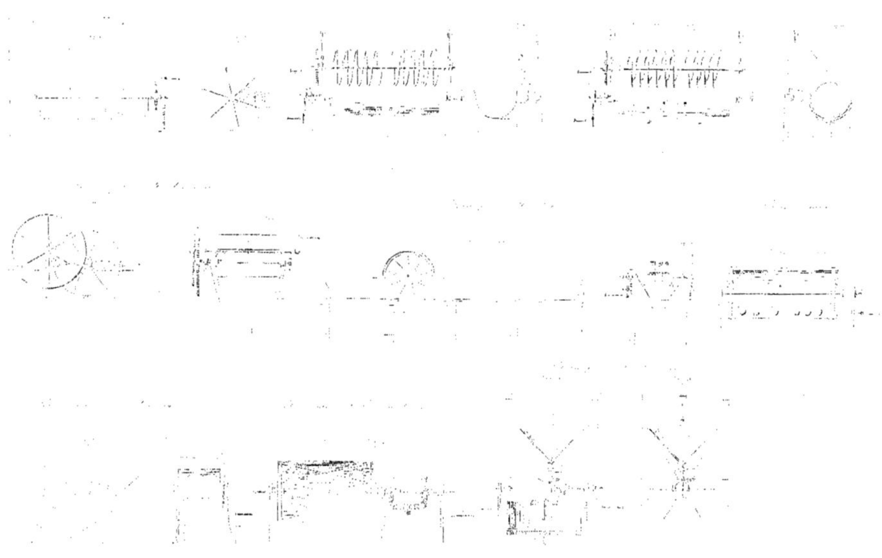

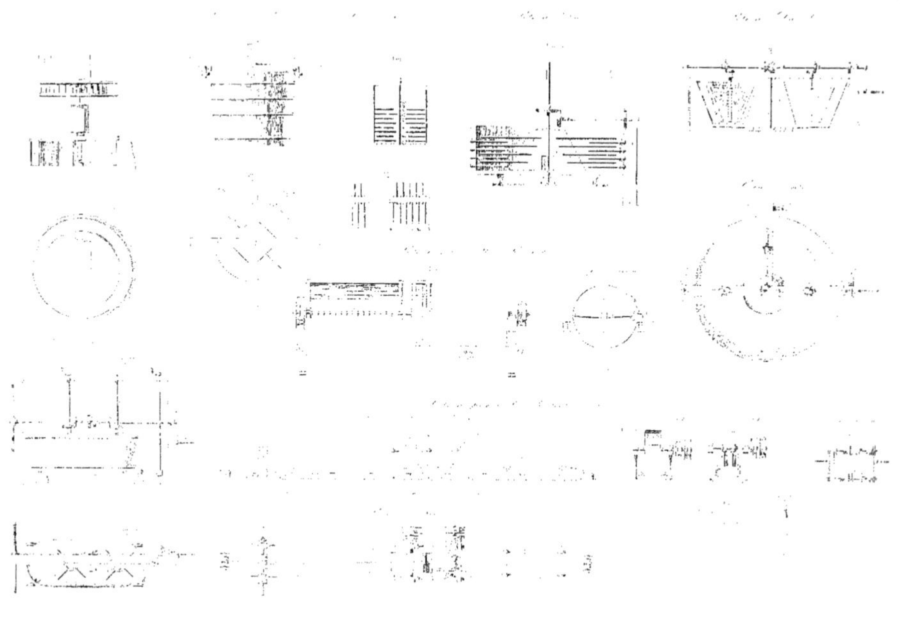

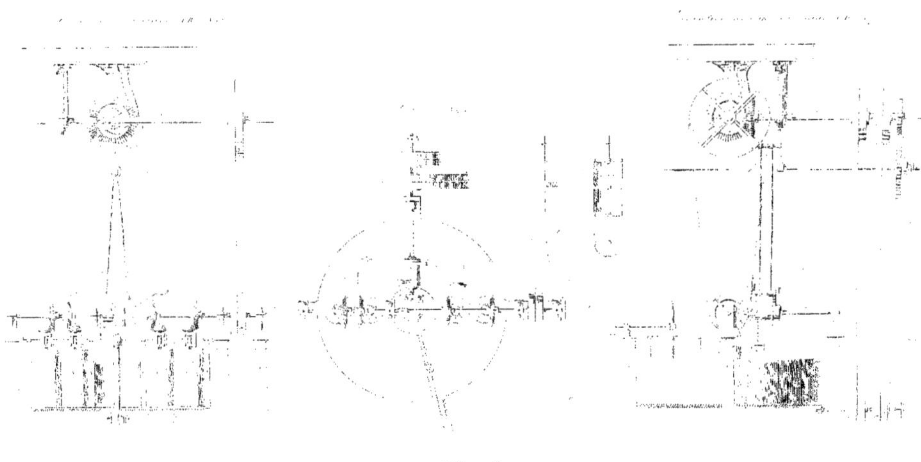

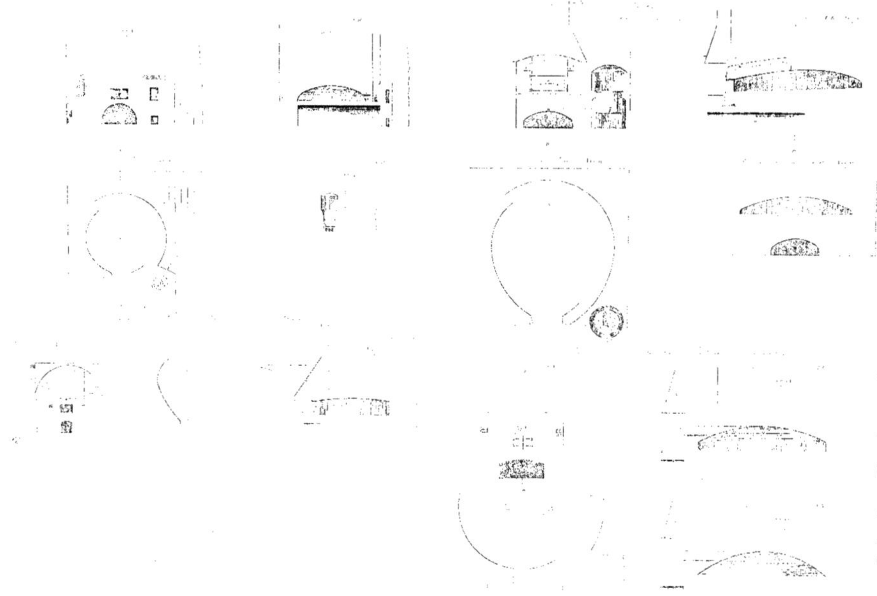

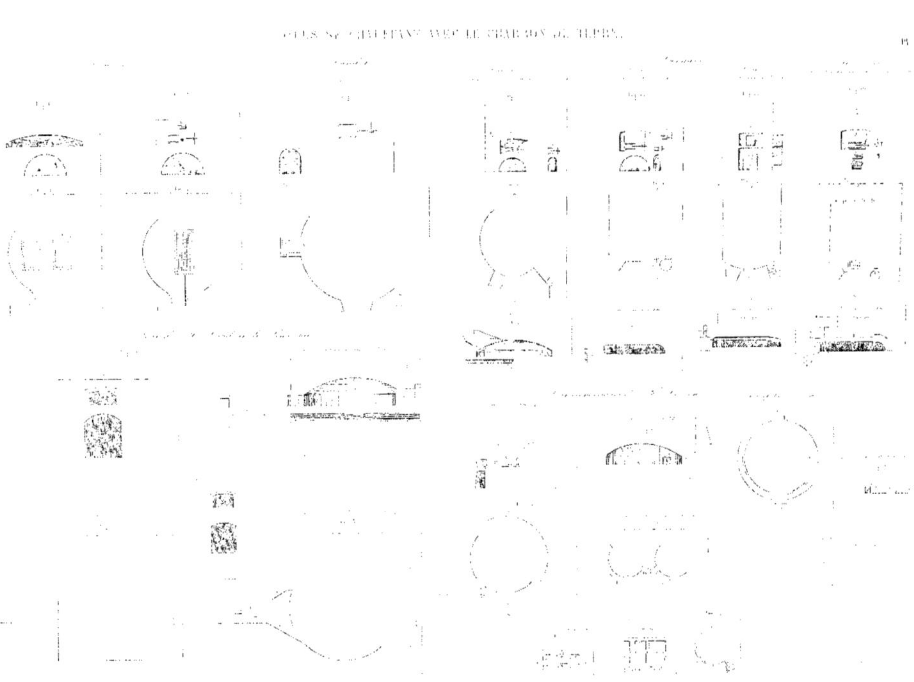

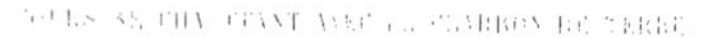
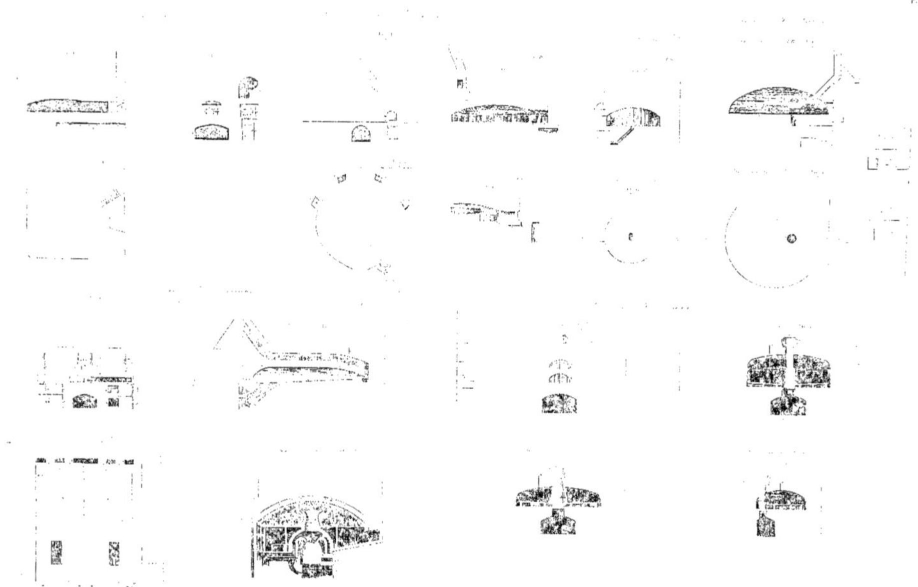

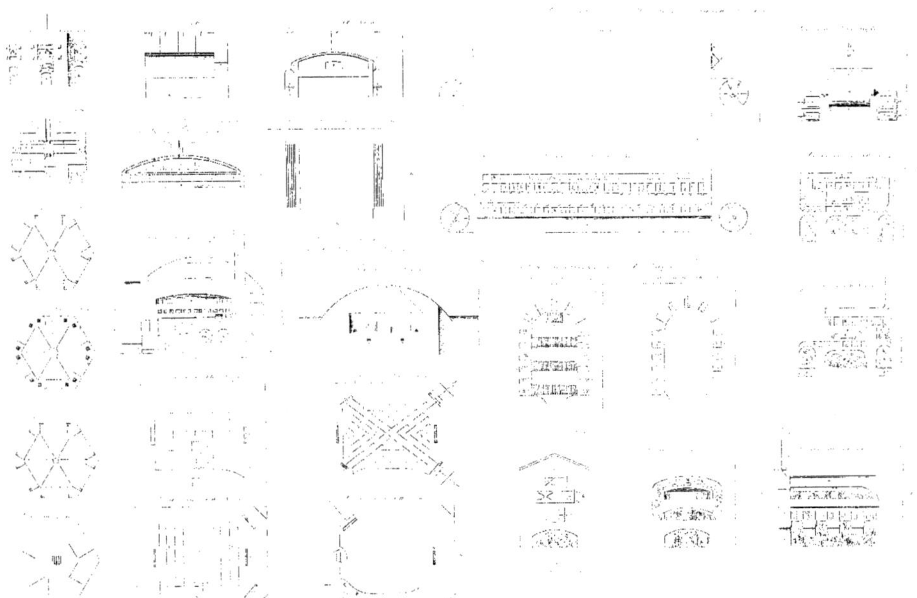

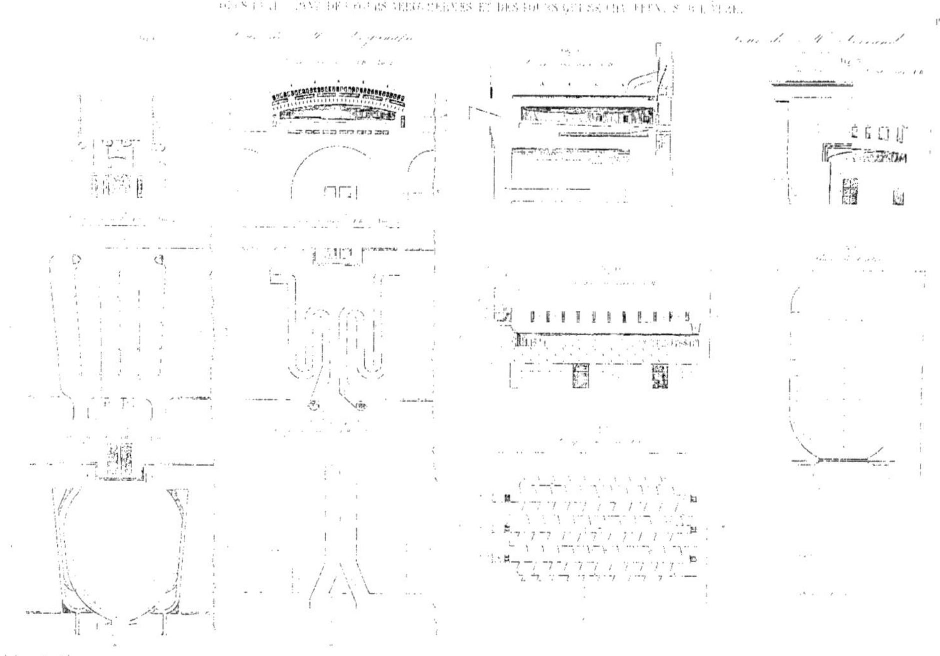

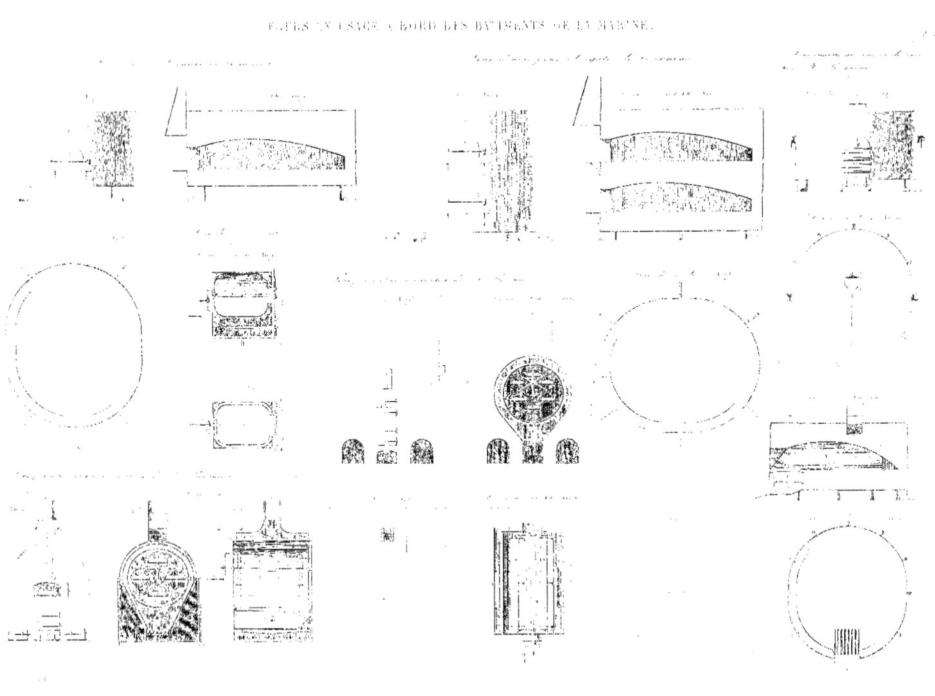

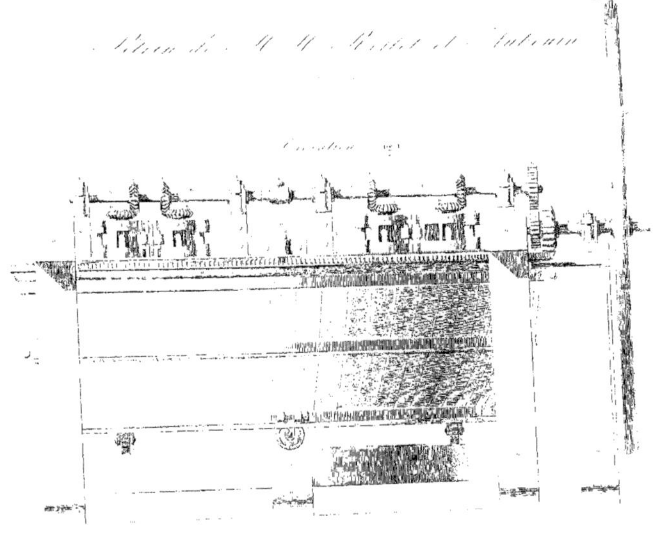

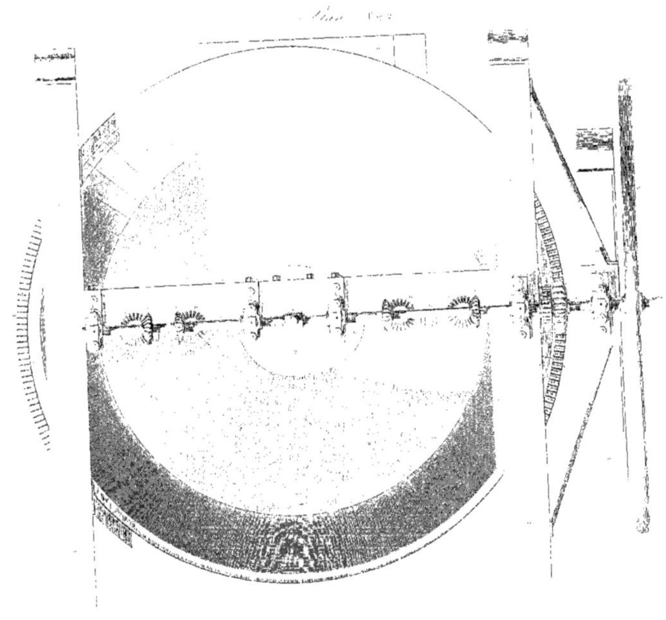

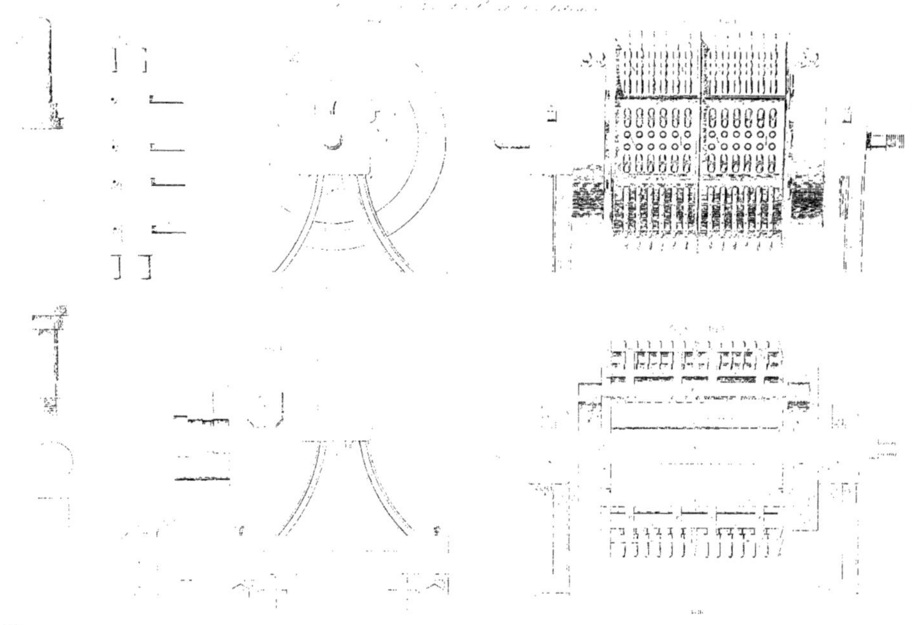

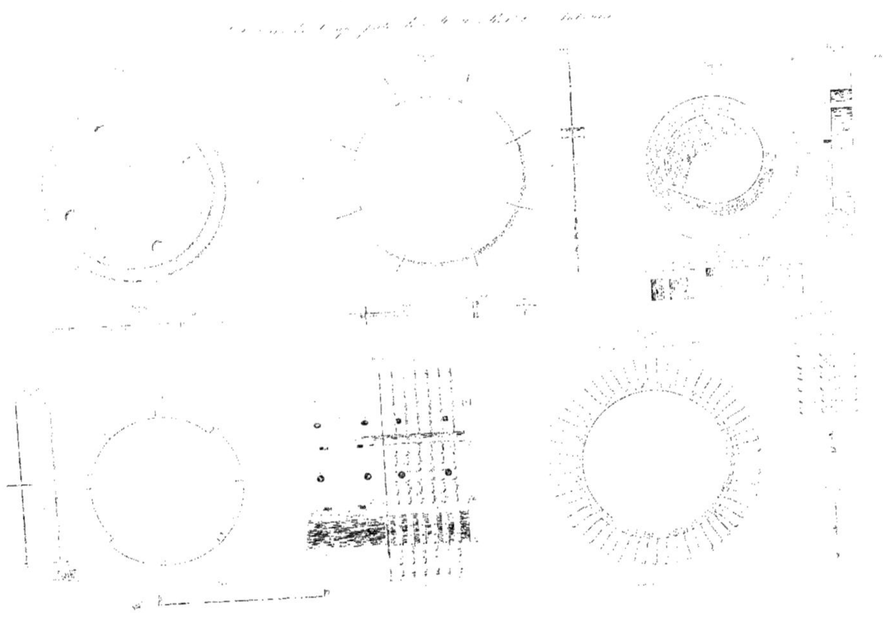

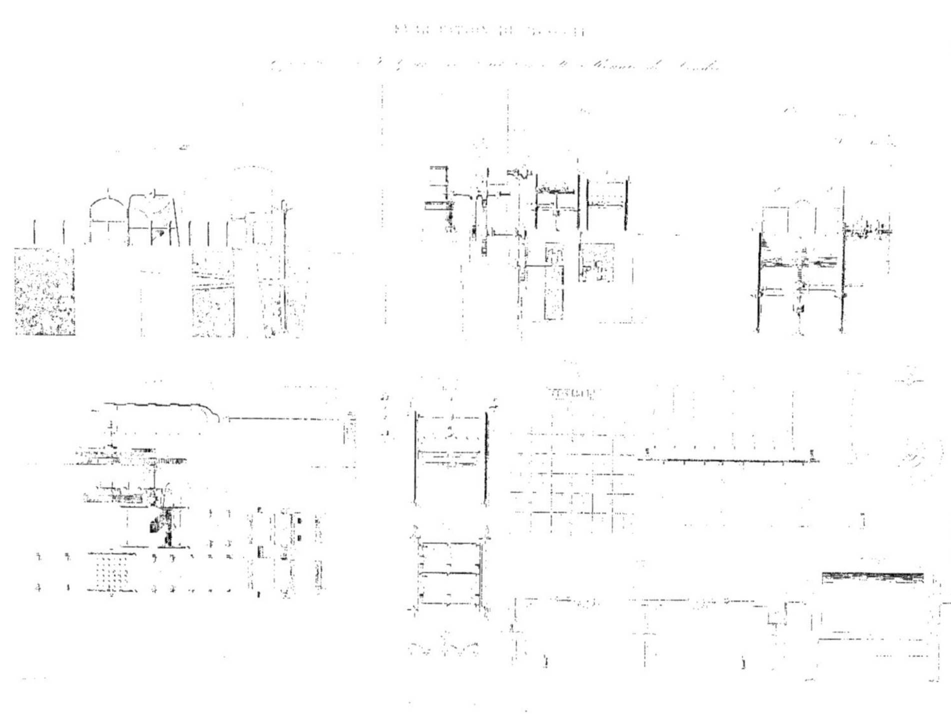

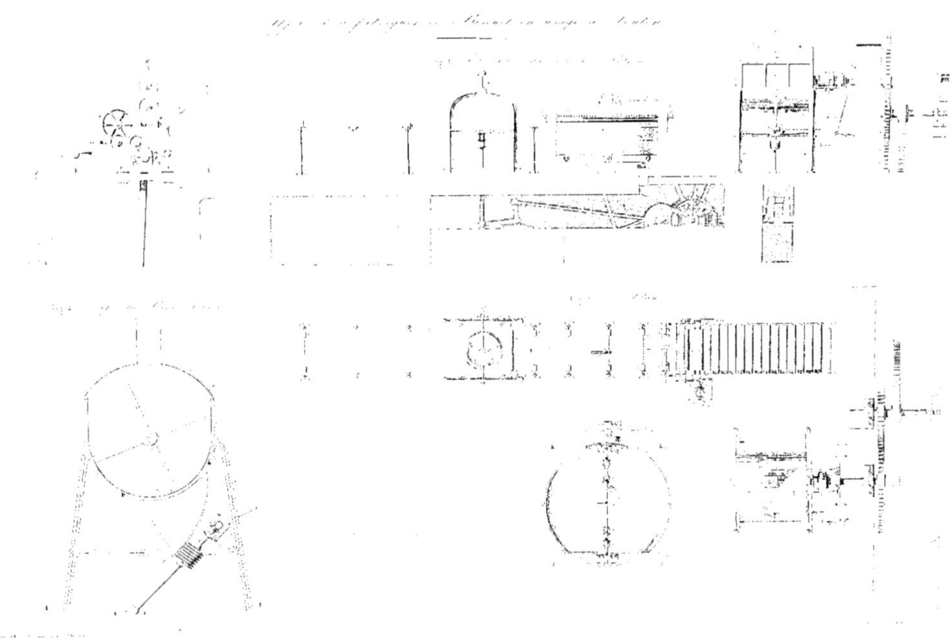

FABRICATION DU BISCUIT.

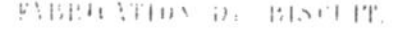

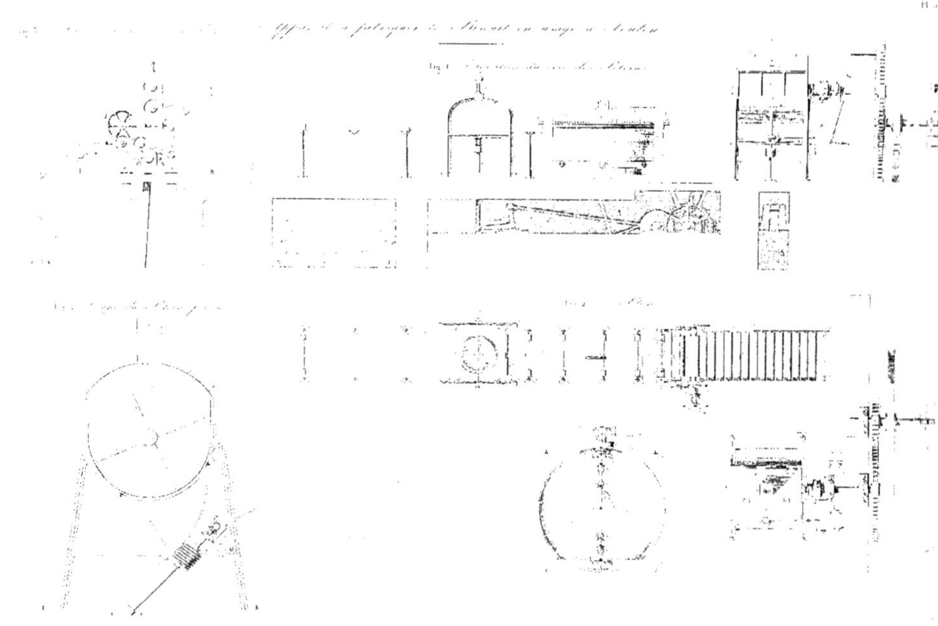

Appareil de M. Miller.

Coupe suivant A B.

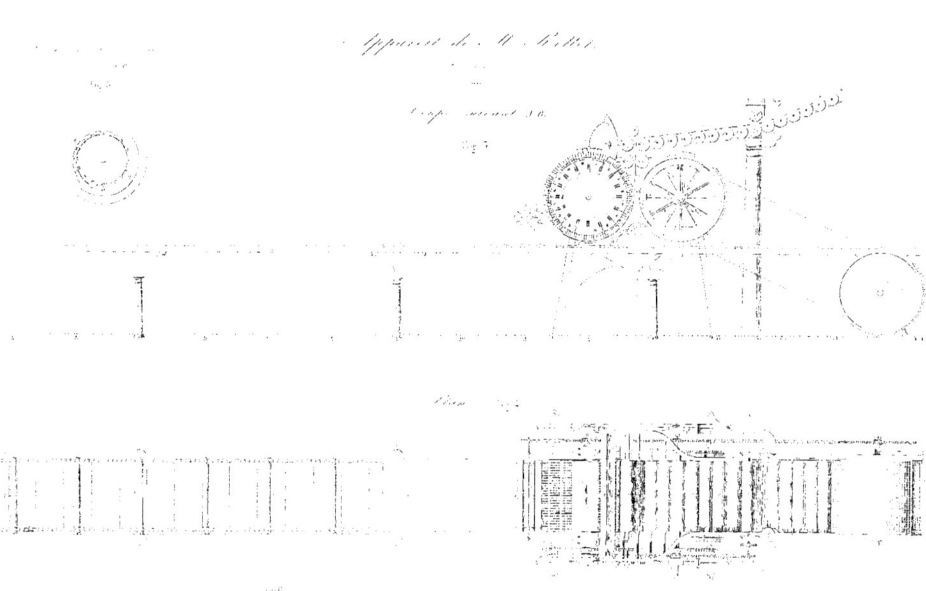

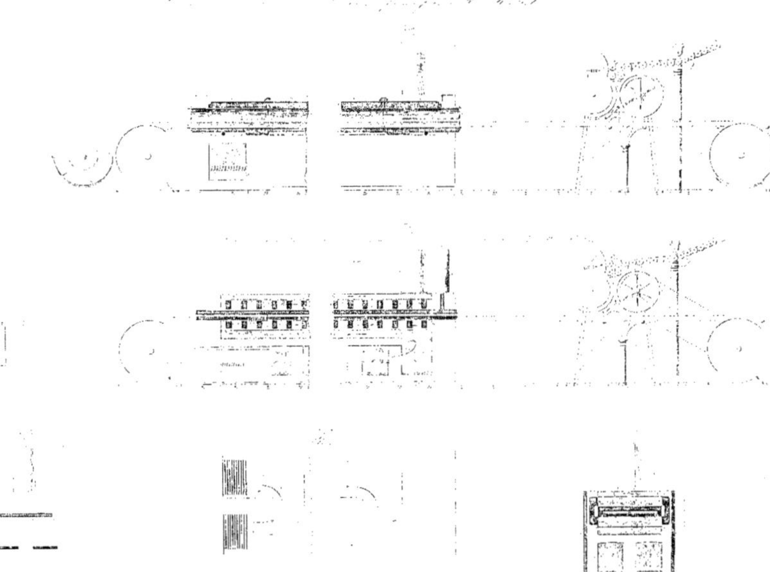

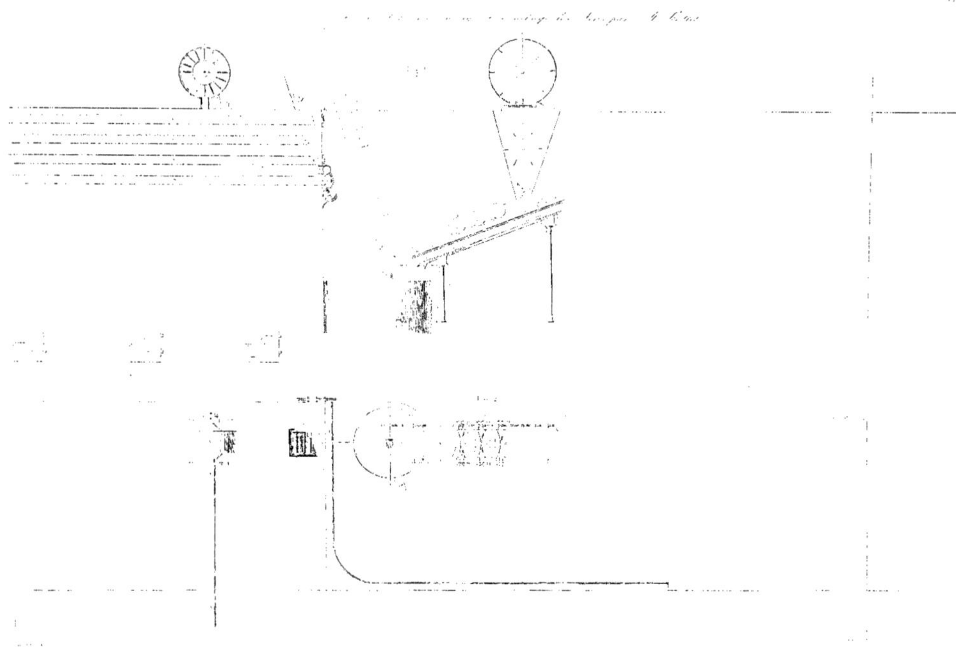

BOULANGERIE.

www.ingramcontent.com/pod-product-compliance
Ingram Content Group UK Ltd.
Pitfield, Milton Keynes, MK11 3LW, UK
UKHW021650130726
13696UKWH00004B/1520